As famílias dos números primos

Há ordem no caos!

Segunda edição

Coriceu Bachmann

As famílias dos números primos

Há ordem no caos!

Segunda edição

Foto da capa por Pawel Czerwinski no Unsplash.
Ilustrações internas criadas pelo autor.

Bachmann, Coriceu

As famílias dos números primos: Há ordem no caos! / Coriceu Bachmann. – 2a. edição. Rio de Janeiro, 2024

ISBN 978-65-01-00513-3

1. Números primos. 2.Teoria dos números. 3. Matemática. I. Título

Agradecimentos

Gostaria de agradecer ao meu irmão, Dórian, que sempre procurou me incentivar no gosto pelas ciências e pela matemática. E por ter me ajudado a estruturar e revisar os manuscritos iniciais deste livro e recomendado ótimas melhorias e ajustes.

Gostaria, também, de agradecer à minha irmã, Josiane, e meu cunhado, Nelson, por terem me apoiado e incentivado por toda a vida e não só durante a redação do livro, para o qual me deram muitos bons conselhos e sugestões.

E, em especial, gostaria de agradecer à Fátima, minha esposa, que acompanhou o desenvolvimento das ideias e me deu grande incentivo durante a fase inicial de ansiedade pelas descobertas feitas. Foi muito importante, também, para desenvolver a forma final dos capítulos e do conteúdo do texto.

Coriceu Bachmann

"... e anos depois, lamentei profundamente não ter avançado o suficiente pelo menos para compreender algo dos grandes princípios fundamentais da matemática, pois os homens assim dotados parecem ter um sentido extra."

Autobiografia de Charles Darwin

Sumário

Introdução

Existem várias questões matemáticas que estudiosos, matemáticos e entusiastas sempre tiveram curiosidade em entender ou descobrir:

- Se o Pequeno Teorema de Fermat tem uma demonstração de sua correção, por que ele falha com os pseudoprimos?
- Por que existem os pseudoprimos de Fermat?
- Existem números primos negativos?
- De onde surgem os intervalos entre os números primos, chamados de *gaps*?
- Por que o Teste de Primalidade de Lucas-Lehmer funciona na determinação de Primos de Mersenne?

Algumas das respostas encontradas sobre essas e outras questões estão neste livro.

A maior parte das descobertas é resultado de uma análise mais ousada e inovadora, e menos tradicional. Foi com essa ousadia que surgiram muitos dos conceitos apresentados, como o agrupamento de números primos em duas Famílias.

Uma visão sob outra perspectiva abre novas alternativas de pensamento e permite imaginar outras possibilidades, além das convencionais. No desenho da próxima folha, se o ponto de vista for mudado, surge uma surpresa:

Girando o livro 180° revela-se outra visão[1]!

Teoremas, conjecturas, algoritmos e a própria estrutura dos números primos foram exploradas por meio de algumas técnicas modernas. Algumas delas, por sua importância nos estudos realizados para a redação do livro merecem destaque:

- enfatizou-se o uso de instrumentos visuais (tabelas, diagramas etc.) para a análise dos problemas. Evitou-se a análise exclusivamente algébrica;
- questionaram-se conceitos básicos para criar alternativas de pensamento. Por exemplo, imaginar ser possível haver números primos negativos permitiu encontrar uma provável simetria nos

[1] O autor do desenho tão interessante é desconhecido para os devidos créditos.

números primos que talvez contribua para uma futura confirmação da Conjectura de Goldbach;

- avaliaram-se os números no entorno dos resultados calculados e, assim, perceberam-se similaridades e tendências. Isso colaborou com a explicação, por exemplo, do funcionamento do Teste de Lucas-Lehmer;
- notou-se que alguns problemas matemáticos se referem a casos especiais subordinados a casos mais gerais e por isso foram estes que receberam maior atenção e estudo;
- considerou-se que os números primos fazem parte de um sistema maior, o que significa que todas as suas manifestações têm relações entre si. Assim, estabeleceu-se um vínculo entre o Triângulo de Pascal e o Pequeno Teorema de Fermat. E, também, uma conexão entre o Teste de Lucas-Lehmer e a sequência de Fibonacci.

Tudo isso realizado com um ingrediente essencial: a curiosidade!

O autor não se intimidou pelo fato de que alguns dos problemas estarem sem solução há centenas de anos. Ao contrário, isso foi considerado como um desafio, um quebra-cabeças.

Mais do que tentar entender o comportamento e as demonstrações dos teoremas e conjecturas, o maior esforço foi dedicado a entender "por quê" funcionam e têm bom resultado. Por exemplo, por que o número primo **n** divide 2^n-1? Por que

341 é um falso primo, ou pseudoprimo? Por que a fórmula do Teste de Lucas-Lehmer funciona?

O livro aborda dois conteúdos básicos: apresenta uma nova ótica para a visualização da estrutura de distribuição dos números primos e, nesta segunda edição, explica os por quês referentes ao funcionamento de alguns teoremas e problemas clássicos.

Os assuntos abordados foram apresentados acompanhados de alternativas que justificam as descobertas. Ao final do livro foi incluído um apêndice com dezenove programas que ilustram as soluções e explicações apresentadas.

Uma vez que muitos dos estudos incluídos no livro dependem de sequências de números, sempre que possível foram indicadas as sequências pertencentes ao *site* OEIS, que é um catálogo de sequências de números (A Enciclopédia On-line de Sequências de Inteiros, disponível em https://oeis.org).

O autor tem grandes expectativas que as ideias mostradas possam contribuir para o debate sobre os temas tratados e atrair mais jovens para o aprendizado da matemática. Foi por esse motivo que a maior parte do livro utiliza apenas aritmética simples e umas poucas equações de primeiro e segundo graus, assuntos conhecidos por estudantes do ensino médio.

Coriceu Bachmann

1. Números primos

O que são número primos?

Há muitas definições complexas, mas, para o entendimento dos conceitos deste livro, vamos usar a seguinte:

> *Um número primo é aquele que somente pode ser dividido por um e por ele mesmo, resultando em um quociente inteiro, sem deixar resto.*

O número 19 é um número primo, pois somente pode ser dividido por 19 e por 1. Já o número 14 não é primo, pois pode ser dividido por 2 e 7, além de por 1 e 14. Quando possui mais que dois divisores, é chamado de número composto[2].

Para que servem?

Entre outros finalidades, os números primos são utilizados para se encontrar o menor múltiplo ou o maior divisor de um conjunto de números, operações conhecidas como MMC (mínimo/menor múltiplo comum) e MDC (máximo/maior divisor comum).

Todo número positivo que não é primo pode ser expresso como resultado de uma multiplicação de mais de 2 fatores primos, eventualmente repetidos:

---

[2] Tradicionalmente, para a avaliação de números primos, ignoram-se os divisores negativos.

N = a . b . c . d etc.
Exemplo: **1092 = 2 . 2 . 3 . 7 . 13**

A busca pelos menores fatores primos, que, multiplicados, resultam no número **N**, é feita por processos chamados de decomposição em fatores, ou fatoração[3].

Esses fatores primos facilitam cálculos, não só utilizados na matemática, como também em muitos outros domínios como música, estatística, tecnologia da informação e, inclusive, de ciências humanas, como a sociologia.

Atualmente, os números primos se tornaram ainda mais importantes, pois têm sido usados em técnicas para criptografar ou codificar textos, senhas de banco, moedas virtuais etc. essenciais para nossa segurança.

Tabela de números primos

Para auxiliar os cálculos matemáticos, existem tabelas com listas dos números primos. A seguinte lista contém os vinte primeiros:

2, 3, 5, 7, 11, 13, 17, 19, 23, 29, 31, 37, 41, 43, 47, 53, 59, 61, 67, 71

Repare que, à exceção do número 2, todos são ímpares. E que, na lista de números ímpares há intervalos. Os números 9, 15, 21, 25, 33, 35, 45, embora sejam ímpares, não estão presentes, pois não são primos.

---

[3] Fatoração é o processo de encontrar os fatores que compõem um número composto. Esse processo é bastante complicado e demorado. Normalmente não apresenta bom resultado para números muito grandes.

A existência desses intervalos e a inclusão do número 2 na lista deixaram os matemáticos ao longo dos séculos atordoados na busca de um padrão de distribuição ou uma "lógica de formação" da lista. Para explicar isso, inúmeras fórmulas e conjecturas foram propostas, sem um sucesso objetivo. Antes de apresentarmos uma nova "lógica de formação", é necessário entender um pouco mais sobre a origem dos números primos.

À procura dos números primos

Ao longo dos séculos, os matemáticos e curiosos sempre procuraram uma fórmula genérica para a determinação de números primos.

Muitas equações foram criadas, mas sempre com um sucesso limitado, que serviam apenas para alguns poucos casos. Este livro analisa, com uma visão inovadora, ideias e propostas de alguns famoso matemáticos, entre eles: Eratóstenes, Sophie Germain, Leonhard Euler, Allan Cunningham e Marin Mersenne.

Os programas de computadores têm se mostrado eficientes na procura de números primos, embora o método básico possa ser chamado de "força bruta": analisar número a número para verificar se é ou não primo.

Este livro apresenta algumas ideias que podem tornar essa procura mais eficiente.

Crivo de Eratóstenes

Historicamente, os números primos estão ligados ao grego Eratóstenes, que viveu 200 anos antes de Cristo. Esse matemático apresentou uma forma interessante de se encontrar os números primos. Em resumo, procedemos assim: escrevemos todos os números inteiros positivos em uma tabela e eliminamos os que são múltiplos. Por exemplo, eliminamos os números 4, 6, 8, 10 etc. por serem múltiplos de 2 e, por serem múltiplos de 3, eliminamos 9, 12, 81 e outros.

Quando finalizada, a tabela com os números até 100 fica com a seguinte apresentação, chamada de peneira ou Crivo de Eratóstenes[1]:

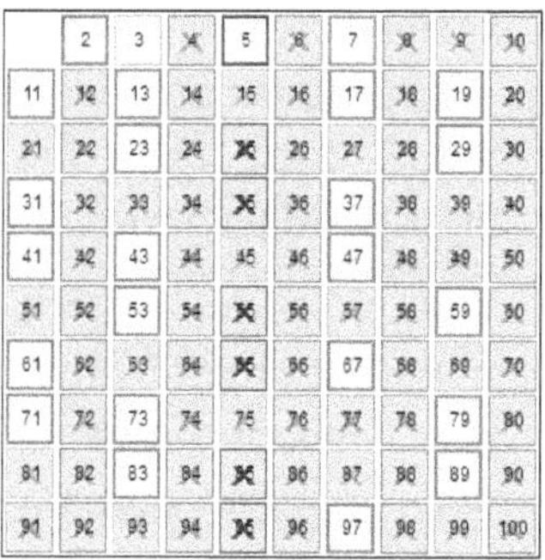

Os números eliminados, e marcados com um X, são números compostos. Os não eliminados são números primos.

Assim, temos que todo número que não é composto recebe o nome de número primo.

Uma característica básica dos números primos fica evidenciada pelo Crivo: os números primos dependem de todos os números menores que ele, direta ou indiretamente.

Distribuição dos números primos

A análise de tabelas similares ao Crivo de Eratóstenes nos faz imaginar que os números primos se distribuem de uma forma que parece harmônica e coerente, mas que é, ao mesmo tempo, aleatória e confusa:

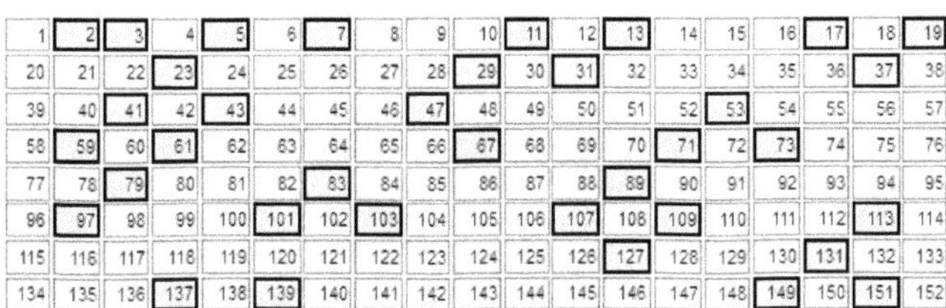

1	**2**	**3**	4	**5**	6	**7**	8	9	10	**11**	12	**13**	14	15	16	**17**	18	**19**
20	21	22	**23**	24	25	26	27	28	**29**	30	**31**	32	33	34	35	36	**37**	38
39	40	**41**	42	**43**	44	45	46	**47**	48	49	50	51	52	**53**	54	55	56	57
58	**59**	60	**61**	62	63	64	65	66	**67**	68	69	70	**71**	72	**73**	74	75	76
77	78	**79**	80	81	82	**83**	84	85	86	87	88	**89**	90	91	92	93	94	95
96	**97**	98	99	100	**101**	102	**103**	104	105	106	**107**	108	**109**	110	111	112	**113**	114
115	116	117	118	119	120	121	122	123	124	125	126	**127**	128	129	130	**131**	132	133
134	135	136	**137**	138	**139**	140	141	142	143	144	145	146	147	148	**149**	150	**151**	152

Se marcados em um gráfico cartesiano, os primos seguem uma linha ascendente, mas com um trajeto totalmente quebrado, ora com maior e ora com menor inclinação, tornando difícil prever os pontos seguintes:

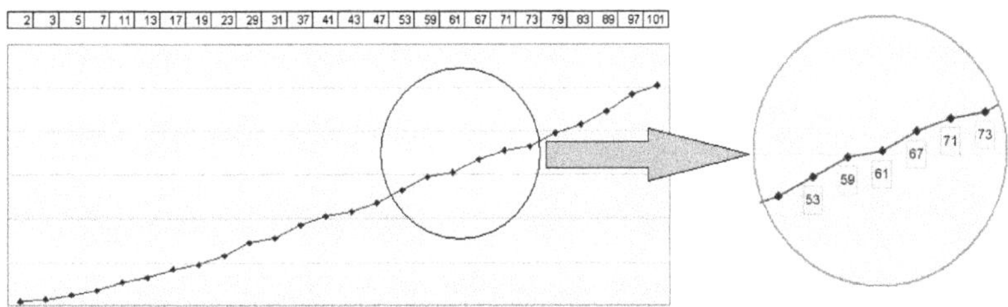

A distribuição parece arte

Quando marcados como pontos em uma grade, os números primos geram gráficos com aparências de obras de arte. A figura a seguir, gerada pelo autor, tem um ponto para cada número natural e os primos estão ressaltados em cor clara. Repare que os primeiros pontos do canto esquerdo superior correspondem aos números 2, 3, 5, 7 e 11.

Existe uma ordem?

As visualizações anteriores e as muitas outras que existem sugerem que deve haver uma ordem na organização dos números primos. Sempre se procurou responder qual seria a regra de distribuição desses números.

E antes de Eratóstenes?

Antes de tentar entender a lógica ou critério de distribuição dos números primos proposta neste livro, vamos imaginar por que motivo eles teriam sido criados. A seguir, um problema escolar típico:

> "*Um general grego possuía dois rolos de cordas, um com 54 e outro com 90 metros. Resolveu cortar as cordas em pedaços do mesmo tamanho para distribuir para alguns de seus soldados. Qual seria o tamanho máximo do corte para que não houvesse desperdício? E quantos soldados receberiam um pedaço?*"

As soluções tradicionais utilizam a decomposição das duas metragens em números primos. O maior divisor comum (MDC) de ambos será o resultado.

Uma técnica usada para a decomposição de um número em fatores primos, e amplamente conhecida, é a técnica da barra que aprendemos na 5ª ou 6ª série do ensino fundamental, conforme a figura:

Número 54:

54	2
27	3
9	3
3	3
1	

2 x 3 x 3 x 3 = 54

Número 90:

90	2
45	3
15	3
5	5
1	

2 x 3 x 3 x 5 = 90

O maior divisor comum (MDC) é resultado do produto dos números primos que estão presentes na decomposição de ambos os números. No caso, 2, 3 e 3. Ou seja, 18 metros em cada pedaço. Um dos rolos forneceria 3, e o outro, 5 pedaços de 18 metros. Logo, 8 soldados receberiam um pedaço.

Mas, e antes de Eratóstenes, como os gregos, egípcios e romanos faziam?

Não se sabe a resposta a essa pergunta, mas vamos imaginar a seguinte hipótese, simples, mas bastante absurda, extremamente cansativa e trabalhosa:

Bastaria tentar dividir os dois números por todas as possibilidades. Começariam dividindo 90 por 54, depois por 53, depois por 52 e assim sucessivamente, até encontrar um divisor inteiro, por exemplo, 45, que divide 90. Para verificar se 45 é um resultado válido, dividia-se 54 por 45. Se fosse uma divisão inteira, teriam achado o resultado. Como 54 não é divisível por 45, é preciso retomar as divisões: 90 dividido por 44, por 43, por 42 e assim sucessivamente até chegar-se ao 18, que divide ambos e é o maior número, pois o processo vem dividindo do maior para o menor.

Os números primos teriam sido criados para evitar esse excesso de divisões, como um método auxiliar ao cálculo. Usar apenas os números primos para tentar as divisões, garante o resultado, com muito menos trabalho.

Isso é importante para a proposta apresentada neste livro, que parte do princípio de que todos os números inteiros menores que ele são, teoricamente, necessários para se avaliar se um número é ou não primo.

Módulo é o resto da divisão

Em matemática, o resto da divisão de um número por um inteiro é chamado de módulo [2]. Assim, o resto da divisão de 17 por 12 é 5, ou seja, **17 módulo 12** é 5.

A ideia pode ser relacionada à forma que nós contamos as horas do dia, onde 16 horas são 4 horas (da tarde). Ou seja, dividimos 16 por 12 e consideramos o resto[4].

Vamos imaginar um exemplo escolar no qual um ônibus inicia uma viagem às 5 horas da manha e leva 17 horas para chegar ao seu destino. Que horas marcará o relógio quando o ônibus chegar?

Somamos os horários e calculamos o módulo 12, ou seja, divide-se o total da soma por 12 e considera-se o resto:

$5 + 17 = 22$ e $22 = 12 . 1 + 10$

assim, o ônibus chegará às 10 da noite.

Isso pode ser visualizado em um diagrama com os números escritos em linhas com 12 colunas, como na próxima figura. Cada linha corresponde a um giro completo do relógio e, portanto, 22 serão 10 horas, depois que o ponteiro das horas girar uma vez.

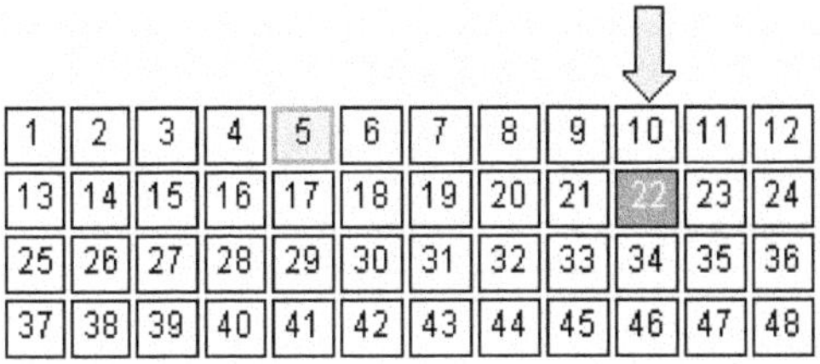

1	2	3	4	5	6	7	8	9	10	11	12
13	14	15	16	17	18	19	20	21	22	23	24
25	26	27	28	29	30	31	32	33	34	35	36
37	38	39	40	41	42	43	44	45	46	47	48

[4] 12 é a quantidade de horas do mostrador dos relógios.

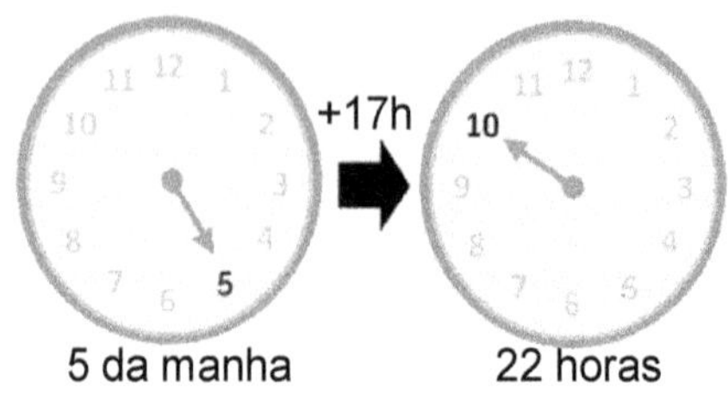

Os matemáticos dizem que 22 é congruente com 10 módulo 12. E, também 34 e 46 são congruentes com 10 módulo 12, pois todos têm resto 10 quando divididos por 12.

A representação em notação de aritmética modular é assim:

22 ≡ 10 (mod 12) e **34 ≡ 10 (mod 12)**

Essa notação facilita a leitura e por isso é muito usada pelos matemáticos.

Em outro exemplo, **25 módulo 6** é o resto da divisão de 25 por seis, que é 1.

25 é igual a **4 . 6** com resto **1** ou, na nomenclatura da aritmética modular, **25 (mod 6)** é congruente com **1 (mod 6)**, com a seguinte visualização gráfica:

⇩

1	2	3	4	5	6
7	8	9	10	11	12
13	14	15	16	17	18
19	20	21	22	23	24
25	26	27	28	29	30

Em aritmética modular:

25 ≡ 1 (mod 6) ou, dividindo-se 25 por 6, resta 1.

Utilizaremos esses conceitos, mais à frente, para estabelecer as famílias às quais pertencem os números primos.

Testes de primalidade

Um teste de primalidade é um conjunto de regras que permite verificar se um determinado número é, ou não, primo.

O teste mais preciso e antigo que dispomos consiste em dividir o número que se quer testar por todos os números menores que ele, exceto pelo 1.

Se não houver quociente inteiro, então o número é primo.

Para avaliar o número 5, dividimo-lo por 4, 3 e 2:

5 / 4 = 1,26

5 / 3 = 1,666666667

5 / 2 = 2,5

Como não há quociente inteiro, então, o número 5 é primo.

Para avaliar o número 6, fazemos a divisão por 5, 4, 3 e 2. Dessas divisões surgem quocientes decimais e inteiros:

6 / 5 = 1,2

6 / 4 = 1,5

6 / 3 = **2**

6 / 2 = **3**

Como há quocientes inteiros, 6 não é um número primo: é composto.

Por esse processo, cada divisão avalia um possível divisor e, desse modo, são necessárias muitas divisões para a avaliação completa do número.

Atualmente, existem otimizações nesse método como, por exemplo, dividir o número apenas pelos números primos menores que a raiz quadrada dele. Mesmo assim, a quantidade de divisões é muito grande e isso requer um esforço computacional enorme.

Pequeno Teorema de Fermat

O genial Pierre de Fermat descobriu uma propriedade especial dos números primos, que comunicou por meio de uma carta [3], em primeira mão, para seu amigo Frénicle de Bessy em 1640.

> Tout nombre premier [1] mesure infailliblement une des puissances — 1 de quelque progression que ce soit, et l'exposant de la dite puissance est sous-multiple du nombre premier donné — 1; et, après qu'on a trouvé la première puissance qui satisfait à la question, toutes celles dont les exposants sont multiples de l'exposant de la première satisfont tout de même à la question.
>
> Exemple : soit la progression donnée
>
> 1 2 3 4 5 6
> 3 9 27 81 243 729 etc.
>
> avec ses exposants en dessus.

Essa propriedade deu origem ao Pequeno Teorema de Fermat [4], e resultou em um teste de primalidade usado por muitos anos com grande sucesso. O teorema foi expresso de uma forma similar a essa:

*Se **n** é primo e **a** é qualquer inteiro não divisível por **n**, então $a^{n-1} - 1$ é divisível por **n**.*

A afirmação pode ser escrita por meio da seguinte equação:

$$k = \frac{a^{n-1} - 1}{n}$$ sendo **k** um número inteiro, para **n** primo, (1)

que será referenciada neste texto como Equação de Fermat e será explicada em um capítulo mais à frente no texto.

A equação costuma ser escrita, também, com a notação de arimética modular:

$$\mathbf{a^{n-1} - 1 \equiv 0 \pmod{n}}$$

Esse teste funciona da mesma forma que o teste de primalidade por divisões, com a vantagem de requerer um esforço computacional bem mais reduzido.

Por exemplo, uma vez que 13 é primo, $2^{12}-1$ é divisível por 13, pois (4096–1)/13 = 315.

E 9 não divide 2^8-1 pois não é primo: (256–1)/9 = 28,3333.

Esse teorema será abordado com mais detalhes em um capítulo mais à frente.

Pseudoprimos

Infelizmente, há números compostos que resultam em um quociente inteiro quando aplicamos a Equação de Fermat (1). Esses números são chamados de Pseudoprimos de Fermat, ou, abreviadamente, pseudoprimos.

Quase 200 anos depois de Fermat, em 1819, Pierre Sarrus descobriu o primeiro pseudoprimo: o número 341 [5]. Embora produto de 11 por 31, ele divide de forma inteira $2^{340}-1$.

Esse achado levou à descoberta de outros pseudoprimos e demonstrou que a Equação de Fermat não é infalível, como se imaginava até então.

Ao longo do livro outros testes de primalidade serão analisados e explicados.

2. As duas famílias dos números primos

Neste capítulo, o autor apresenta proposições inovadoras para o entendimento da distribuição dos números primos.

Proposição 1:
Os números primos se organizam em duas retas paralelas formando duas famílias de números.

A criatividade humana está ligada à nossa capacidade de avaliar problemas e situações por meios de múltiplas perspectivas. Dizemos que para inovar é preciso pensar fora do convencional e eliminar ideias pré-concebidas, não se ater ao tradicional e evitar "fazer assim porque sempre fizemos assim".

Neste capítulo, abordamos conhecimentos tradicionais com uma perspectiva diferente para fazer surgirem ideias novas e interessantes.

A ideia básica do capítulo é imaginar que os números primos não formam um conjunto único, mas dois grupos, que chamaremos de "Famílias" por analogia, uma vez que primos em português também surgem nas relações familiares.

Pensando dessa maneira encontraremos algumas relações interessantes, que não estão evidentes se considerarmos os primos em um grupo único.

Os números gêmeos estão em famílias diferentes!

Os quadros a seguir com 7, 10 e 19 colunas contém os números naturais maiores que zero, com os números primos destacados com borda mais grossa.

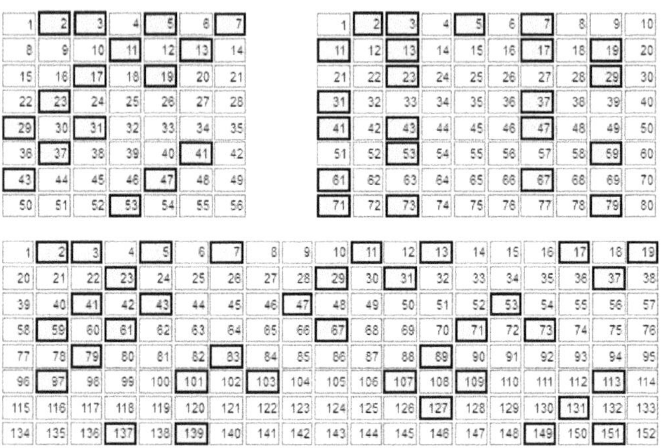

1	2	3	4	5	6	7
8	9	10	11	12	13	14
15	16	17	18	19	20	21
22	23	24	25	26	27	28
29	30	31	32	33	34	35
36	37	38	39	40	41	42
43	44	45	46	47	48	49
50	51	52	53	54	55	56

1	2	3	4	5	6	7	8	9	10
11	12	13	14	15	16	17	18	19	20
21	22	23	24	25	26	27	28	29	30
31	32	33	34	35	36	37	38	39	40
41	42	43	44	45	46	47	48	49	50
51	52	53	54	55	56	57	58	59	60
61	62	63	64	65	66	67	68	69	70
71	72	73	74	75	76	77	78	79	80

1	2	3	4	5	6	7	8	9	10	11	12	13	14	15	16	17	18	19
20	21	22	23	24	25	26	27	28	29	30	31	32	33	34	35	36	37	38
39	40	41	42	43	44	45	46	47	48	49	50	51	52	53	54	55	56	57
58	59	60	61	62	63	64	65	66	67	68	69	70	71	72	73	74	75	76
77	78	79	80	81	82	83	84	85	86	87	88	89	90	91	92	93	94	95
96	97	98	99	100	101	102	103	104	105	106	107	108	109	110	111	112	113	114
115	116	117	118	119	120	121	122	123	124	125	126	127	128	129	130	131	132	133
134	135	136	137	138	139	140	141	142	143	144	145	146	147	148	149	150	151	152

Embora a distribuição pareça inicialmente confusa, pares de números podem ser percebidos, como 11 e 13 ou 17 e 19.

Esses números são chamados de números primos gêmeos, pois a diferença entre eles é dois.

É importante observar que o número 23 teria como gêmeo o número 21 ou o 25, se um deles fosse primo, mas estes são compostos e múltiplos de 7 e 5, respectivamente.

Se modificarmos a primeira tabela da figura anterior, desmarcarmos os números 2 e 3, chegaremos à seguinte tabela:

1	2	3	4	5	6	7
8	9	10	11	12	13	14
15	16	17	18	19	20	21
22	23	24	25	26	27	28
29	30	31	32	33	34	35
36	37	38	39	40	41	42

Nessa visualização, os pares de números gêmeos são facilmente identificados: 5 e 7, 11 e 13 etc.

A distribuição sugere uma regra de formação: exceto pelos números 2 e 3, os números primos estão contidos em duas sequências, com os seguintes números 5, 11, 17, 23, 29 em uma e, na outra, 7, 13, 19, 25, 31, 37.

As duas sequências são resultados de duas progressões aritméticas (PA), cujos termos são:

$\mathbf{PA_1 = 1 + n . 6}$ $\mathbf{PA_5 = 5 + n . 6}$

Ou seja, os números primos, exceto o 2 e o 3, se distribuem em dois grupos, ou duas "Famílias", cada uma delas determinada por uma progressão aritmética. Chamaremos os dois grupos de Família do número 1 e Família do número 5.

Importante: nem sempre os números pertencentes às duas PA são primos, como os números 25 e 35, por exemplo.

Em cada família, os números estão espaçados de 6 em 6.

Na figura a seguir, com seis linhas, vemos os números primos destacados com borda mais grossa:

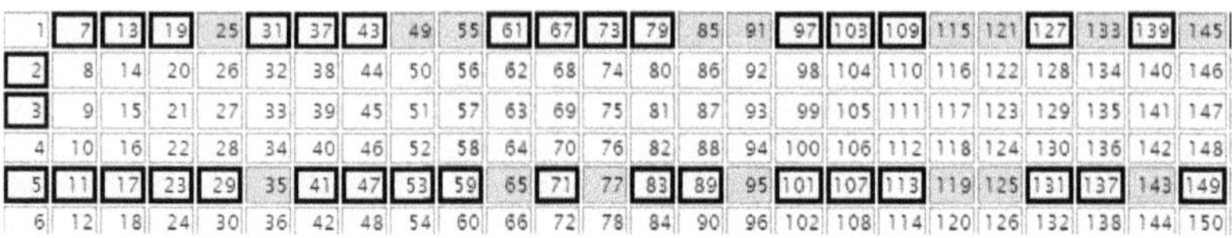

1	**7**	**13**	**19**	25	**31**	**37**	**43**	49	55	**61**	**67**	**73**	**79**	85	91	**97**	**103**	**109**	115	121	**127**	133	**139**	145
2	8	14	20	26	32	38	44	50	56	62	68	74	80	86	92	98	104	110	116	122	128	134	140	146
3	9	15	21	27	33	39	45	51	57	63	69	75	81	87	93	99	105	111	117	123	129	135	141	147
4	10	16	22	28	34	40	46	52	58	64	70	76	82	88	94	100	106	112	118	124	130	136	142	148
5	**11**	**17**	**23**	**29**	35	**41**	**47**	**53**	**59**	65	**71**	77	**83**	**89**	95	**101**	**107**	**113**	119	125	**131**	**137**	143	**149**
6	12	18	24	30	36	42	48	54	60	66	72	78	84	90	96	102	108	114	120	126	132	138	144	150

Os números primos pertencentes à Família do número 1 estão na primeira linha (7, 13, 19, 31 etc.) e os números primos pertencentes à Família do número 5 estão na quinta linha (5, 11, 17 etc.). Claramente podemos identificar os dois grupos, pois os números compostos sobre essas linhas foram pintados para destacá-los. Eles serão chamados de *números primos postiços* (25, 35, 49 etc.)

O artifício de pintar os números postiços facilita identificar as duas Famílias.

As fórmulas das progressões podem ser associadas às equações de duas retas paralelas:

$\mathbf{Y_1 = 1 + x \cdot 6}$ $\quad\quad$ $\mathbf{Y_5 = 5 + x \cdot 6}$

As progressões e as retas correspondentes são coerentes com um conhecimento antigo que registra que os números primos sempre obedecem às fórmulas **6 . n - 1** e **6 . n + 1**. Embora outros números também satisfaçam as fórmulas, sem contudo, serem primos.

As retas com as duas Famílias, com os números primos assinalados, estão representadas na figura a seguir:

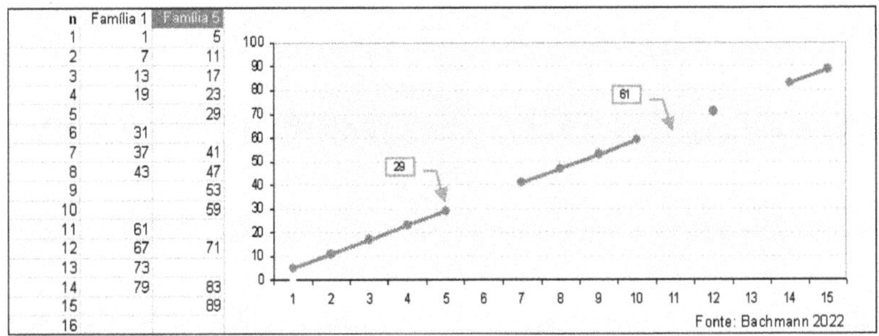

n	Família 1	Família 5
1	1	5
2	7	11
3	13	17
4	19	23
5		29
6	31	
7	37	41
8	43	47
9		53
10		59
11	61	
12	67	71
13	73	
14	79	83
15		89
16		

Os espaços vazios entre os números das retas são os números compostos. Por exemplo, 25, 35 ou 77.

Usando essa visualização em duas Famílias, uma forma de se localizarem números primos é buscar os números pertencentes a cada reta, espaçados de 6 em 6 e, em seguida, avaliar se são ou não compostos, em concordância com a seguinte proposição:

Proposição 2:
Números primos são os números pertencentes às retas das duas famílias que não são compostos.

Abordar a distribuição dos números primos por meio das retas das famílias abre a possibilidade de avaliar alguns estudos clássicos sob uma nova óptica e, assim, ampliar sua abrangência, como veremos mais à frente.

A que família pertence um número primo?

Para saber à qual Família (reta) pertence um número primo **p**, basta encontrar o módulo 6 do número. O resto da divisão de todos os números primos, exceto 2 e 3, por 6 será sempre 1 ou 5, o que indica sua família:

A família é o módulo 6 do número primo p.

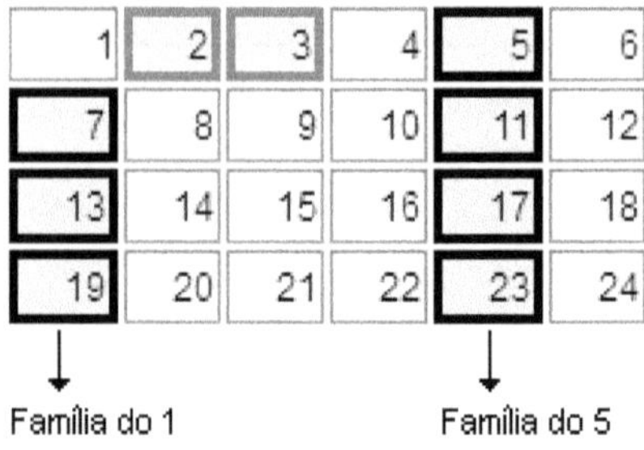

Exemplos:
19 é igual ao produto de 3 e 6 mais **1** ou seja, 19 pertence à Família do número 1.
7 dividido por 6 e deixa resto **1** ou seja, 7 pertence à Família do número 1.
23 = 3 . 6 + **5** ou seja, 23 pertence à Família do número **5**.
97 = 16 . 6 + **1** e pertence à Família do **1**.

E isso vale para todos os números, inclusive os grandes, por exemplo:
626536579 = 104422763 . 6 + 1 (Família do 1)
626536601 = 104422766 . 6 + 5 (Família do 5)

Justificativa

A garantia de que as duas progressões aritméticas (do 1 e do 5) contêm todos os números primos, exceto 2 e 3, é feita segundo o raciocínio a seguir.

Todos os números naturais pertencem a alguma das progressões aritméticas mostradas na tabela a seguir, com **n** sendo um número qualquer maior ou igual a zero.

PA	Exemplos
1 + 6 . n	1, 7, 13, 19
2 + 6 . n	2, 8, 14, 20
3 + 6 . n	3, 9, 15, 21
4 + 6 . n	4, 10, 16, 22
5 + 6 . n	5, 11, 17, 23
6 + 6 . n	6, 12, 18, 24
7 + 6 . n	7, 13, 19, 25
8 + 6 . n	8, 14, 20, 26
9 + 6 . n	9, 15, 21, 27
10 + 6 . n	10, 16, 22, 28, 34

Os termos das progressões de 2, 4, 6 , 8 e 10 são pares e, portanto, exceto o 2, não são primos.

Os termos das progressões 3 e 9 são todos múltiplos de 3 e, portanto, exceto o 3, também não são primos.

Os termos da progressão 7 estão todos presentes na progressão 1.

Sobram apenas os termos das progressões 1 e 5 que concentram todos[5] os números primos e alguns números compostos, ou *números primos postiços*.

Desse modo, os números primos são termos das progressões aritméticas com as fórmulas de geração: **1 + n . 6** e **5 + n . 6**

[5] Para facilitar as explicações, quando falamos em primos das duas Famílias, não incluímos os números 2 e 3 que não pertencem a elas.

Gaps: os intervalos entre os números primos

Os intervalos regulares entre as células que contém números primos ou postiços (compostos) obedecem à regra 4 e 2: estão separados, alternadamente, por uma diferença de 4 ou 2, conforme vemos na figura:

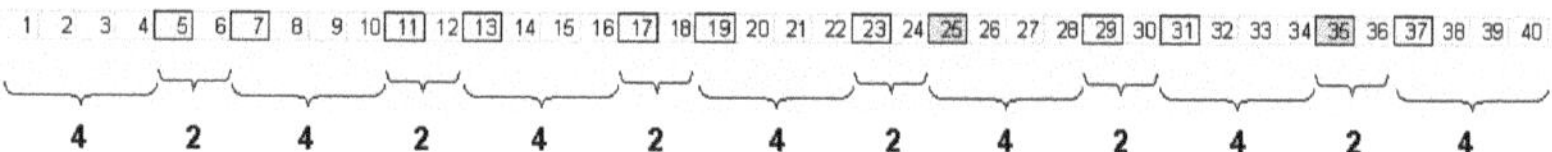

O número 25 está colocado na posição adequada, mas não é primo, é um número postiço, por ser composto. Outro é o número 35.

Quando há um número composto sobre as retas das Famílias, há um intervalo[6] maior (*gap*) [6] que 2 ou 4. Por exemplo, entre os números 283 e 293 ou entre 293 e 307 há números compostos assinalados com borda tracejada:

gap

281	282	283	284	285	286	287	288	289	290	291	292	293	294	295	296	297	298	299	300
301	302	303	304	305	306	307	308	309	310	311	312	313	314	315	316	317	318	319	320

Quando há mais de um número postiço sobre as retas das famílias, o *gap* torna-se mais perceptível.

Ressaltemos que há uma grande diferença entre os números compostos 285 e 287: o primeiro é múltiplo de 3 e não se encontra sobre as retas das famílias, o outro é postiços. Os números em fundo branco, na tabela, são divisíveis por 2 ou 3.

O 287 é composto, mas está sobre a reta da Família do 5 (287 = 47 . 6 + 5). Ocupa um lugar que poderia estar ocupado por um primo, e é por isso que está sendo chamado de *postiço*. O *gap*

---

[6] O intervalo entre dois números primos é dado pela fórmula a.4+b.2, com a e b inteiros positivos ou zero.

fica mais visível quando os primos são apresentados sob a forma de listas:

... 281, 283, 293, 307, 311, 313, 317

ou, se evidenciarmos os intervalos:

... 281, ____ 283, ____ 293, ____ 307, ____ 311, ____ 313, ____ 317 ...

Gap: +2 +10 +14 +4 +2 +4

Quando olhamos essa sequência com a abordagem das retas das duas Famílias, notamos que o *gap* 10 ocorre pela existência de dois números postiços no intervalo: 287 e 289. Localize-os na tabela vista anteriormente.

Quando dois números primos, o primeiro pertencente à Família do 5 e o segundo, à Família do 1, estão em sequência, são chamados de "números gêmeos". Entre eles, não há um número postiço, por exemplo, 11 e 13, ou 41 e 43.

Já o 23 não é gêmeo do 29 pois entre eles há o postiço 25.

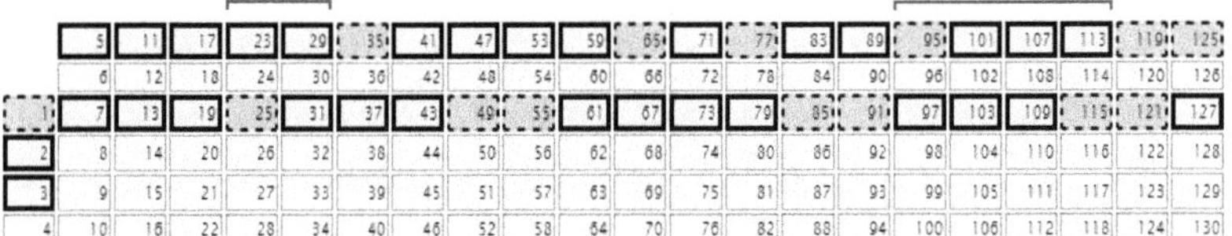

Curiosidade

A análise da figura acima, feita com a ajuda do conceito de agrupamento dos números primos em duas Famílias facilita perceber que não é possível haver três ou mais primos gêmeos em sequência, exceto os menores que 23. Claramente, há múltiplos de 5 que impedem isso. É o caso, por exemplo do intervalo de 95 a 115 que possui apenas os gêmeos 101-103 e 107-109. Os primos 97 e 113 não formam gêmeos porque seus pares, 95 e 115 são compostos, múltiplos de 5.

Os compostos e as Famílias

Os números compostos, tradicionalmente são vistos como produtos de número primos, de acordo com o Teorema Fundamental da Aritmética [7].

Mas, se vistos com base na distribuição nas duas Famílias, possuem outras características interessantes:

- todos os números postiços (compostos, com linhas tracejadas na figura) podem ser expressos por um produto de apenas dois números, primos ou postiços, pertencentes a uma das duas Famílias. Assim, 175 = 5 x 25, 1547 = 91 x 17;
- os postiços da Família do número 5 são produtos de, um número da Família 1 e o outro da Família 5. O postiço 35 é produto de 7 x 5, 77 é produto de 7 x 11, 473 é produto de 11 x 43.
- os postiços da Família do 1 são, ou produto de dois números da Família do 1 ou de dois número da família do 5. Exemplos: 55 = 5 x 11, 427 = 7 x 61, com fatores da Família do 5. E, 91 = 7 x 13, 445 = 5 x 89, com fatores da Família do número 1.

1	7	13	19	25	31	37	43	49	55	61	67	73	79	85	91
2	8	14	20	26	32	38	44	50	56	62	68	74	80	86	92
3	9	15	21	27	33	39	45	51	57	63	69	75	81	87	93
4	10	16	22	28	34	40	46	52	58	64	70	76	82	88	94
5	11	17	23	29	35	41	47	53	59	65	71	77	83	89	95
6	12	18	24	30	36	42	48	54	60	66	72	78	84	90	96

397	403	409	415	421	427	433	439	445	451	457	463	469	475	481	487
398	404	410	416	422	428	434	440	446	452	458	464	470	476	482	488
399	405	411	417	423	429	435	441	447	453	459	465	471	477	483	489
400	406	412	418	424	430	436	442	448	454	460	466	472	478	484	490
401	407	413	419	425	431	437	443	449	455	461	467	473	479	485	491
402	408	414	420	426	432	438	444	450	456	462	468	474	480	486	492

3. Conhecimentos tradicionais

Neste e no próximo capítulo, veremos alguns conhecimentos tradicionais sob a ótica das duas Famílias para ampliar o que sabemos sobre eles.

Primos de Sophie Germain

Sophie Germain foi uma excelente matemática do final do século XVII e início do século XVIII, época em que as mulheres tinham pouquíssima presença no estudo das ciências em geral. Dentre outros grandes estudos, quando examinou o último teorema de Fermat, ela criou uma fórmula para caracterização de números primos [8].

Quando um número primo **p** é aplicado na equação **2p + 1** e o resultado também é um número primo, ele recebe o nome de "*número primo de Sophie Germain*"[7]:

P	2 . P + 1
1	3
2	5
3	7
5	11
7	15
11	23
13	27
17	35

19	39
23	47
29	59
31	63
37	75
41	83
43	87
47	95
53	107

[7] Os primos da segunda coluna são conhecidos como Primos Seguros (safe primes) e são importantes na história da criptografia.

Essa equação é muito importante para a criptografia de informações pois foi muito usada como método para encontrar grandes números primos, com centenas de algarismos, que são difíceis de fatorar[8].

Os primeiros números de Sophie Germain são os seguintes: 2, 3, 5, 11, 23, 29, 41, 53, 83, 89, 113, 131, 173 etc. e estão apresentados em cor escura na tabela a seguir:

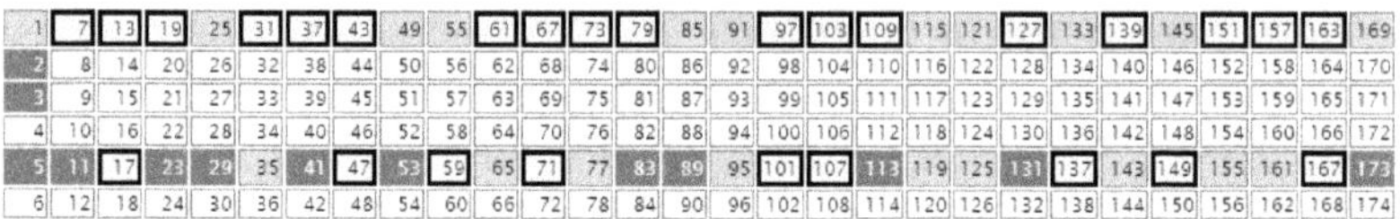

1	7	13	19	25	31	37	43	49	55	61	67	73	79	85	91	97	103	109	115	121	127	133	139	145	151	157	163	169
2	8	14	20	26	32	38	44	50	56	62	68	74	80	86	92	98	104	110	116	122	128	134	140	146	152	158	164	170
3	9	15	21	27	33	39	45	51	57	63	69	75	81	87	93	99	105	111	117	123	129	135	141	147	153	159	165	171
4	10	16	22	28	34	40	46	52	58	64	70	76	82	88	94	100	106	112	118	124	130	136	142	148	154	160	166	172
5	11	17	23	29	35	41	47	53	59	65	71	77	83	89	95	101	107	113	119	125	131	137	143	149	155	161	167	173
6	12	18	24	30	36	42	48	54	60	66	72	78	84	90	96	102	108	114	120	126	132	138	144	150	156	162	168	174

O número 17 não aparece na lista pois a aplicação da fórmula **2p + 1** resulta em um número não primo, 35, no caso.

Todos os números gerados maiores que 3 têm módulo 6 igual a 5, ou seja, pertencem à Família do número 5. O conjunto dos números pertencentes à Família do número 1 não é contemplados pela fórmula de Sophie Germain. Exemplos:

2 . 86 + 1 = 173 = 28 . 6 + 5 (pertence à família do número 5)
1694 . 2 + 1 = 3389 = 564 . 6 + 5 (idem)

É preciso ficar claro que a fórmula de Sophie Germain não indica um número primo, mas sim, um número que, talvez, seja primo. E, como foi visto, todos pertencem à Família do 5.

Uma fórmula alternativa, que permite encontrar números primos pertencentes a ambas as retas das duas Famílias é:

2 . p – 3

[8] Números difíceis de fatorar complicam o trabalho de hackers e dificultam em muito a quebra dos códigos de criptografia.

Exemplos de cálculos com essa nova fórmula:

P	2.P-3
1	-1
2	1
3	3
5	7
7	11
11	19
13	23
17	31

19	35
23	43
29	55
31	59
37	71
41	79
43	83
47	91
53	103

Que gera a lista 3, 5, 7, 11, 13, 17, 23, 31, 37, 41, 43, 53, 67, 71, 83, 97, 101, 107, 113, 127, 137, 157, 167 e outros que pertencem às duas Famílias, marcados em cor escura na figura:

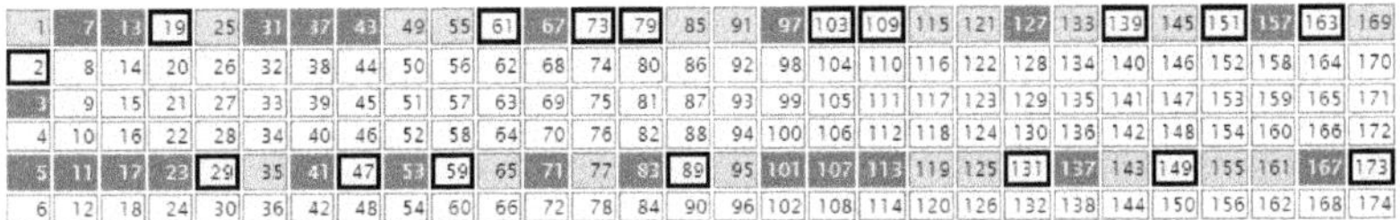

Podemos considerar que essa fórmula é alternativa à fórmula de Sophie Germain, pois utiliza os mesmos princípios básicos, mas com a abordagem das retas das Famílias. Na comparação entre as duas fórmulas, a de Sophie Germain gera 4324 números menores que 100000 e a fórmula alternativa gera uma quantidade maior: 8707 números, o dobro!

Para limites maiores, caso essa fórmula ainda resulte em uma quantidade maior de números primos, poderia ser uma alternativa para a geração de primos seguros para programas de criptografia.

É importante ressaltar que os primos de Sophie Germain são associados ao Último Teorema de Fermat. A equação proposta pelo autor não tem vínculo com o Teorema, apenas resulta em uma lista diferente, e mais extensa, de números primos.

No Apêndice 4, sobre Programas, há um código para gerar os números utilizando a fórmula de Sophie Germain (programa Prog1) e para a fórmula alternativa, apresentada pelo autor (programa Prog2).

Sequências de Cunningham

Allan Cunningham foi um matemático nascido em Delhi, na Índia, que dedicou boa parte de sua vida ao estudo da Teoria dos Números e, em especial, aos números de Mersenne e de Fermat.

Ele propôs duas equações para a localização de sequências de números primos, chamadas de sequências de primeiro e segundo tipo[9].

As sequências do primeiro tipo são criadas com $\mathbf{p_{i+1} = 2\ p_i + 1}$.

Assim, iniciando com $\mathbf{p_i}$ igual a 2, temos

5 = 2 . **2** + 1

11 = 2 . **5** + 1

23 = 2 . **11** + 1

Gerando a lista de primos 2, 5, 11, 23, 47, marcados com borda tracejada na figura:

1	7	13	19	25	31	37	43	49	55	61	67	73	79	85	91
2	8	14	20	26	32	38	44	50	56	62	68	74	80	86	92
3	9	15	21	27	33	39	45	51	57	63	69	75	81	87	93
4	10	16	22	28	34	40	46	52	58	64	70	76	82	88	94
5	11	17	23	29	35	41	47	53	59	65	71	77	83	89	95
6	12	18	24	30	36	42	48	54	60	66	72	78	84	90	96

Exceto pelo 2, todos pertencentes à Família do 5.

As sequências de Cunningham são interrompidas quando encontram um número composto e, nesse exemplo, o próximo número, seria 95, que não é primo.

E, se iniciarmos com 89, teríamos 179, 359, 719, 1439, 2879.

Exceto a série iniciada por 3, as demais geram números pertencentes à Família do número 5, pois, nesse caso, **p** módulo 6, é 5.

As sequências do segundo tipo são criadas com $\mathbf{p_{i+1} = 2\ p_i - 1}$.

Exemplos: iniciando em 2, temos 3, 5 (em cor escura); iniciando em 19 temos, 37, 73 (com borda tracejada):

1	7	13	19	25	31	37	43	49	55	61	67	73	79	85	91
2	8	14	20	26	32	38	44	50	56	62	68	74	80	86	92
3	9	15	21	27	33	39	45	51	57	63	69	75	81	87	93
4	10	16	22	28	34	40	46	52	58	64	70	76	82	88	94
5	11	17	23	29	35	41	47	53	59	65	71	77	83	89	95
6	12	18	24	30	36	42	48	54	60	66	72	78	84	90	96

Exceto pele sequência iniciando em 2, todos pertencentes à Família do número 1.

A matemática explica, facilmente essa distribuição nas duas Famílias, mas é interessante ressaltar que as séries de Cunningham são melhor visualizadas se vinculadas às Famílias de números primos propostas neste livro.

Polinômios de Euler

O famoso matemático Leonhard Euler, que viveu no século XVIII, talvez o maior matemático de todos, apresentou algumas equações para localizar sequências de números primos [10]:

Em uma delas:

$\mathbf{f(x) = x^2 + x + 17}$

Se variarmos **x** entre 0 e 15 obtemos os seguintes valores, todos números primos:

x	$x^2 + x + 17$
0	17
1	19
2	23
3	29
4	37
5	47
6	59
7	73
8	89
9	107
10	127
11	149
12	173
13	199
14	227
15	257
16	289

Família do 1
Família do 5

Embora salte alguns números primos, como o 31 e o 41, essa equação é muito interessante, pois evita todos os números postiços (25 e 35, por exemplo), resultando apenas em números primos.

A figura a seguir mostra a distribuição dos números resultantes. Note que há uma sequência cíclica, com um número da Família do 1 (em cor escura) e os dois seguintes da Família do número 5 (com borda tracejada). Os números postiços estão pintados e os números primos marcados com borda grossa:

1	2	3	4	5	6
7	8	9	10	11	12
13	14	15	16	17	18
19	20	21	22	23	24
25	26	27	28	29	30
31	32	33	34	35	36
37	38	39	40	41	42
43	44	45	46	47	48
49	50	51	52	53	54
55	56	57	58	59	60

61	62	63	64	65	66
67	68	69	70	71	72
73	74	75	76	77	78
79	80	81	82	83	84
85	86	87	88	89	90
91	92	93	94	95	96
97	98	99	100	101	102
103	104	105	106	107	108
109	110	111	112	113	114
115	116	117	118	119	120

Também aqui, a matemática explica esse comportamento, contudo, o conceito de distribuição cíclica nas retas das duas Famílias pode trazer futuras inovações com base nas equação de Euler.

O programa Prog3 no Apêndice 4 exemplifica esse polinômio.

Outros polinômios

Ao longo dos anos, na busca de uma fórmula que pudesse produzir a lista de números primos, foram criados muitos polinômios interessantes [11 e RIBENBOIM], como, por exemplo, os polinômio de A. Lévy (1914) e de Pol & Speziali (1951).

Polinômio de A. Lévy:

$\mathbf{3.x^2 + 3.x + 23}$ que gera a lista de primos 23, 29, 41, 59, 83, 113, 149 etc. Estão assinalados em cor escura na figura:

1	2	3	4	5	6	7	8	9	10	11	12	13	14	15	16
17	18	19	20	21	22	23	24	25	26	27	28	29	30	31	32
33	34	35	36	37	38	39	40	41	42	43	44	45	46	47	48
49	50	51	52	53	54	55	56	57	58	59	60	61	62	63	64
65	66	67	68	69	70	71	72	73	74	75	76	77	78	79	80
81	82	83	84	85	86	87	88	89	90	91	92	93	94	95	96
97	98	99	100	101	102	103	104	105	106	107	108	109	110	111	112
113	114	115	116	117	118	119	120	121	122	123	124	125	126	127	128
129	130	131	132	133	134	135	136	137	138	139	140	141	142	143	144
145	146	147	148	149	150	151	152	153	154	155	156	157	158	159	160

Todos eles pertencem à Família do número 5, pois, divididos por 6, deixam resto 5. Sua distribuição fica evidenciada em uma tabela com 6 linhas:

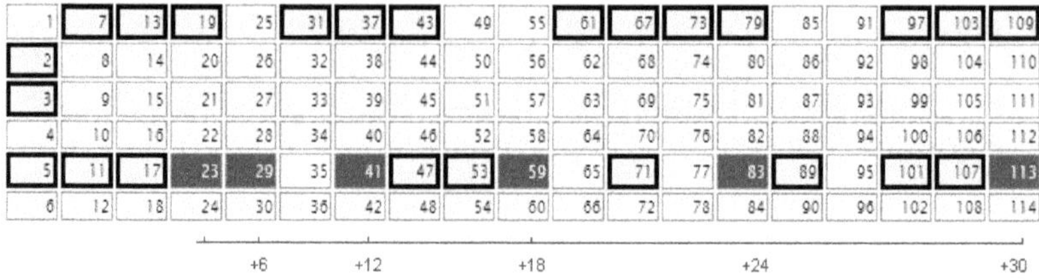

1	7	13	19	25	31	37	43	49	55	61	67	73	79	85	91	97	103	109
2	8	14	20	26	32	38	44	50	56	62	68	74	80	86	92	98	104	110
3	9	15	21	27	33	39	45	51	57	63	69	75	81	87	93	99	105	111
4	10	16	22	28	34	40	46	52	58	64	70	76	82	88	94	100	106	112
5	11	17	23	29	35	41	47	53	59	65	71	77	83	89	95	101	107	113
6	12	18	24	30	36	42	48	54	60	66	72	78	84	90	96	102	108	114

Essa forma de visualização facilita entender como se distribuem os números. Assim, vemos que o sucesso da equação reside no fato de que, aumentando as diferenças de 6 em 6 (6, 12, 18, 24 etc.) consegue evitar todos os números postiços, até que a diferença de 132 a partir de 1409 apontar para um número postiço, quebrando a sequência: 1541 que seria o próximo da lista após o 1409, é produto de 23 e 67.

Polinômio de Pol & Speziali:

$\mathbf{6.x^2 + 6.x + 31}$ que produz a lista 31, 43, 67, 103, 151, 211, 283 etc. todos eles pertencentes à Família do 1 e assinalados na figura:

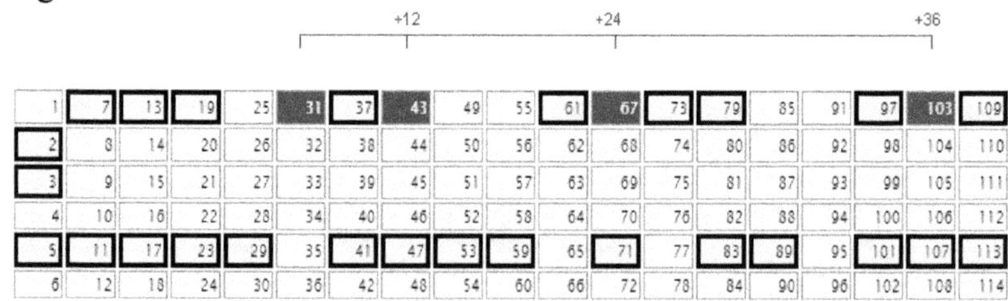

1	7	13	19	25	31	37	43	49	55	61	67	73	79	85	91	97	103	109
2	8	14	20	26	32	38	44	50	56	62	68	74	80	86	92	98	104	110
3	9	15	21	27	33	39	45	51	57	63	69	75	81	87	93	99	105	111
4	10	16	22	28	34	40	46	52	58	64	70	76	82	88	94	100	106	112
5	11	17	23	29	35	41	47	53	59	65	71	77	83	89	95	101	107	113
6	12	18	24	30	36	42	48	54	60	66	72	78	84	90	96	102	108	114

Da mesma forma que o polinômio de A. Lévy, a fórmula gera números ampliando linearmente os espaçamentos entre eles (12, 24, 36 etc.) E, de modo igual, os espaçamentos fazem com que os números composto sejam evitados.

A procura por polinômios

Se analisarmos os dois polinômios anteriores com o conceito das duas Famílias, surge uma explicação para o sucesso das fórmulas.

Em um primeiro momento, somos tentados a pensar que fórmulas como as que mostramos, e outra similares, trariam embutido regras de distribuição dos números primos.

Mas, mais provavelmente, o sucesso advém do acaso. As fórmulas geram valores com espaçamento linearmente e como a quantidade de número primos é mais densa para números menores, a fórmula acaba se ajustando a um resultado com muitos acertos.

No polinômio de A. Lévy, os intervalos entre os números (23, 29, 41, 59, 83 etc.) formam a progressão aritmética 6, 12, 18, 24, 30 etc.

No polinômio de Pol & Speziali, os intervalos entre os números (31, 43, 67, 103, 151 etc.) formam a progressão aritmética 12, 24, 36, 48 etc.

Assim, para encontrar polinômios similares, basta estabelecer uma progressão e verificar se o resultado é válido para algum conjunto de primos, pois isso ocorre ao acaso[9].

---

[9] O autor tem ciência que não existe acaso na matemática, mas dado o conhecimento disponível hoje, podemos dizer que há certa casualidade nos casos mostrados.

Por exemplo, a progressão 36, 48, 60, 72 que é gerada pela equação $\mathbf{6.x^2 + 30.x + n}$, identificada pelo autor, tem alguns resultados que valem o destaque, para **n** iniciando em 47, 53, 67:

Os três número **n** que iniciam e geram as sequências, curiosamente, resultam em uma quantidade diferente de primos.

Ex. 1	Ex. 2	Ex. 3	Diferença
47	53	67	
83	89	103	36
131	137	151	48
191	197	211	60
263	269	283	72
347	353	367	84
443	449	463	96
7 primos	557	571	108
	677	691	120
	809	823	132
	953	967	144
	1109	1123	156
	1277	1291	168
	13 primos	1471	180
		1663	192
		1867	204
		2083	216
		2311	228
		2551	240
		2803	252
		3067	264
		3343	276
		3631	288
		3931	300
		4243	312
		4567	324
		4903	336
		27 primos	

Outros números iniciais, além dos três exemplos acima, produzem uma quantidade menor de números primos em sequência.

O acaso também parece ser responsável pelo resultado obtido por outro polinômio identificado pelo autor: $\mathbf{6.x^2 + 54.x + n}$. Os três exemplos se iniciam com **n** igual a 47, 151, 26177.

Ex. 1	Ex. 2	Ex. 3		Diferença
47	151	26177		
107	211	26237		60
179	283	26309		72
263	367	26393		84
359	463	26489		96
467	571	26597		108
587	691	26717		120
719	823	26849		132
863	967	26993		144
1019	1123	9 primos		156
1187	1291			168
1367	1471			180
1559	1663			192
13 primos	1867			204
	2083			216
	2311			228
	2551			240
	2803			252
	3067			264
	3343			276
	3631			288
	3931			300
	4243			312
	4567			324
	4903			336
	25 primos			

E, por último um exemplo de sequência de primos com base em um padrão de espaçamento com as diferenças entre os primos, dobradas:

Primos	Diferença
17	
23	6
29	6
41	12
53	12
71	18
89	18
113	24
137	24
167	30
197	30
233	36
269	36
311	42
353	42
401	48
449	48
503	54
557	54
617	60
677	60
743	66
809	66
881	72
953	72
1031	78
1109	78
1193	84
1277	84
1367	90
1457	90

Da análise dos casos acima, surgem as seguintes conclusões:

- A identificação desses novos polinômios demonstra a validade de se olhar e analisar os números primos com o conceito das duas Famílias. Esse comportamento não é claramente identificável apenas com a analise das equações algébricas;
- Os polinômios acima[10] têm como resultado uma sequência na qual um número primo base é adicionados a elementos de uma progressão aritmética. Como pertencem à mesma Família, então os elementos são múltiplos de 6;
- O sucesso dos polinômios é mais dependente de tentativa e erro, do que da cobiçada descoberta da estrutura de distribuição dos números primos. Até o surgimento dos computadores, a criação de fórmulas para gerar números primos dependia de enorme esforço dos matemáticos. Atualmente, basta inventar uma fórmula e deixar ao computador todo o esforço para a confirmação (ou não). Os polinômios propostos pelo autor surgiram com esse processo.

Polinômios como esses são como o sapato da Cinderela: se vestido em todas as moças do reino, encontrará alguns pés que o calcem.

Os polinômios, testados à exaustão, contra todos as sequências de números primos têm grande chance de gerar uma sequência adequada, mais curta ou mais longa. Se isso não ocorrer, os polinômios são desprezados e buscam-se outros.

---

[10] Outros polinômios podem ter um comportamento ligeiramente diferente, como o polinômio de Fung e Ruby que veremos em capítulo à frente.

O autor não analisou outros tipos de polinômios que podem ter um critério de geração diferente.

No Apêndice 4, encontram-se os programas Prog4, Prog5, Prog6 e Prog7 que exemplificam as fórmulas acima.

Convidamos o leitor com mais paciência a buscar outras progressões que gerem sequências de números primos.

Curiosidade

A fórmula **$6.x^2$ + 54.x + n**, utilizada no exemplo acima também pode gerar números compostos em grande quantidade. Se o número inicial for 15, obtemos uma lista somente com números compostos. Os primeiros:

15, 75, 147, 231, 327, 435, 555, 687, 831, 987 etc.

Todos múltiplos de 3.

Na figura a seguir, com os números distribuídos em 6 linhas, podemos entender por que isso ocorre.

A fórmula gera números pertencentes sempre à mesma linha, pois a cada passo somamos a eles, um múltiplo de 6. Dessa forma, se o número inicial pertencer à terceira linha, que possui somente múltiplos de 3, todos os gerados também serão múltiplos de 3 e, consequentemente, compostos.

4. Conjectura de Goldbach

Muitos mistérios foram escondidos pela matemática na organização dos números primos. Ao longo dos séculos, estudiosos, matemáticos e curiosos têm sido desafiados a decifrar esses quebra-cabeças e problemas ocultos.

Um enigma especial, interessante e complexo, foi batizado com o nome de seu descobridor: Christian Goldbach, matemático prussiano do século 18.

A famosa Conjectura de Goldbach [12], declarada em uma carta enviada por Euler em resposta a uma carta de Goldbach em 1742, supõe que todo número par maior que 2 é resultado da soma de dois números primos, por exemplo, 36 é a soma de 13 + 23.

Neste capítulo, vamos mostrar que essas somas não ocorrem de forma aleatória, mas têm uma certa lógica, principalmente quando nos baseamos na ideia inovadora de dividir os números primos nas duas Famílias, do 1 e do 5.

A Conjectura

A conjectura de Goldbach presume que **todo número par maior que 2 pode ser escrito como a soma de 2 números primos.**

Alguns exemplos seriam:
8 = 5 + 3;
36 = 23 + 13;
182 = 151 + 31; etc.

A figura a seguir exibe, de forma gráfica, algumas dessas somas:

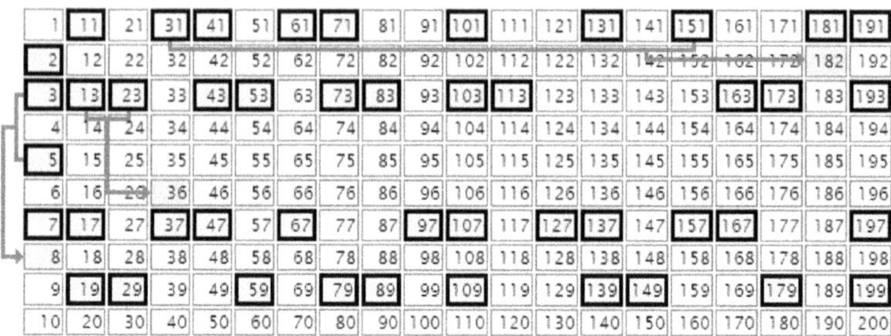

É bastante frequente que um mesmo número par possa ser escrito por mais de uma soma de números primos. Por exemplo 36, além de ser soma de 13 e 23, pode ser ainda calculado a partir de 31 + 5. E, 182 é resultado, de 31 + 151, como indicado e, também, da soma 101 + 71.

A soma a seguir resume a Conjectura de Goldbach:

Número par = número primo + número primo

O mesmo número primo pode estar presente em ambas as parcelas, por exemplo, 10 = 5 + 5.

As opções de somas para formar o mesmo número par são muitas. Basta olhar a figura acima, e percebemos uma grande dificuldade: quais são os dois números primos que permitem totalizar 78? E como garantir que localizamos todas as somas possíveis?

O conceito de Famílias dos números primos sistematiza e simplifica a localização dos primos que compõem as parcelas das somas.

Na figura a seguir, vemos as duas Famílias de números primos distribuídas em duas linhas (**A** e **C**, respectivamente). Os números primos estão identificados com borda grossa.

Os números postiços, números compostos cuja divisão por 6 possui resto 1 ou 5 estão pintados. Os demais números compostos estão em branco (múltiplos de 2 e 3).

A		5	11	17	23	29	35	41	47	53	59	65	71	77	83	89	95	101	107	113
B		6	12	18	24	30	36	42	48	54	60	66	72	78	84	90	96	102	108	114
C	1	7	13	19	25	31	37	43	49	55	61	67	73	79	85	91	97	103	109	115
D	2	8	14	20	26	32	38	44	50	56	62	68	74	80	86	92	98	104	110	116
E	3	9	15	21	27	33	39	45	51	57	63	69	75	81	87	93	99	105	111	117
F	4	10	16	22	28	34	40	46	52	58	64	70	76	82	88	94	100	106	112	118

Para a demonstração que vamos desenvolver, os números 1, 2 e 3 não foram considerados:

- o número 1 tradicionalmente não é considerado um número primo, e, portanto, não foi usado;
- o número 2, se somado a qualquer outro número primo produz um número ímpar e, portanto, não resulta em um número par, como requerido pela Conjectura de Goldbach;
- o número 3, embora possa ser utilizado em somas como 37 + 3 e 43 + 3 que resultam em 40 e 46, respectivamente, não foi considerado, por não pertencer às duas Famílias..

Por esses motivos, e para facilitar o entendimento, somente vamos utilizar os números primos a partir de 5 e os números pares a partir de 10.

Os números pares se dividem em 3 grupos

Conforme se nota pela observação da próxima figura, os números pares se distribuem em três linhas: **B**, **D** e **F**. Os números ímpares estão nas outras linhas.

Na linha **A**, estão os números primos da Família do número 5 e na linha **C**, os primos da Família do número 1.

A		5	11	17	23	29	35	41	47	53	59	65	71	77	83	89	95	101	107	113
B			12	18	24	30	36	42	48	54	60	66	72	78	84	90	96	102	108	114
C		7	13	19	25	31	37	43	49	55	61	67	73	79	85	91	97	103	109	115
D			14	20	26	32	38	44	50	56	62	68	74	80	86	92	98	104	110	116
E			15	21	27	33	39	45	51	57	63	69	75	81	87	93	99	105	111	117
F		10	16	22	28	34	40	46	52	58	64	70	76	82	88	94	100	106	112	118

Uma análise atenta permite verificar que os números pares das linhas **B**, **D** e **F** têm origens diferentes, a partir dos números primos das duas famílias (linhas **A** e **C**).

Linha B

Na linha **B,** estão os números pares que são resultado de somas que incluem um número da linha **A** e um outro número, pertencente à linha **C**.

Ou seja, **B = A + C**

Exemplos, $12 = 5 + 7$; $18 = 11 + 7$;

$24 = 17 + 7$; $78 = 47 + 31$.

Quando um mesmo número par resulta de várias somas diferentes, o mesmo padrão se mantém: um dos números pertence à linha **A** e o outro à linha **C**.

Exemplos: $66 = 59 + 7$ ou $53 + 13$ ou $29 + 37$, etc.

Linha D

Os números da linha **D** são resultados das somas que possuem os dois números primos pertencentes à linha **C**.

Ou seja, **D = C + C**

Exemplos: 14 = 7 + 7; 20 = 7 + 13; 44 = 7 + 37 ou 13 + 31;
50 = 7 + 43 ou 13 + 37 ou 19 + 31;

Linha F

As somas que resultam nos números da linha **F** têm as duas parcelas pertencentes à linha **A**.

Ou seja, **F = A + A**

Exemplos: 10 = 5 + 5; 22 = 11 + 11 ou 17 + 5;
58 = 29 + 29 ou 41 + 17 ou 47 + 11 ou 53 + 5.

É muito importante ressaltar que, com a abordagem proposta, essas regras são fixas e sem exceções. Ou seja, por exemplo, os pares da linha **F** são formados apenas e somente por parcelas com primos da linha **A**, e em nenhum caso, com primos da **C**.

A figura a seguir resume as regras:

A		5	11	17	23	29	35	41	47	**A**: família do número 5
B			12	18	24	30	36	42	48	**B**: A + C
C		7	13	19	25	31	37	43	49	**C**: família do número 7
D			14	20	26	32	38	44	50	**D**: C + C
E			15	21	27	33	39	45	51	**E**: (ímpares)
F		10	16	22	28	34	40	46	52	**F**: A + A

Determinação das somas

Para determinar todas as somas que resultam em um determinado número par é preciso perceber uma simetria na estrutura da tabela.

Para gerar o número 50, as seguintes somas seriam possíveis:

19 + 31 ou 13 + 37 ou 7 + 43

ou, ainda, 25 + 25, caso o número 25 fosse primo e não um número composto.

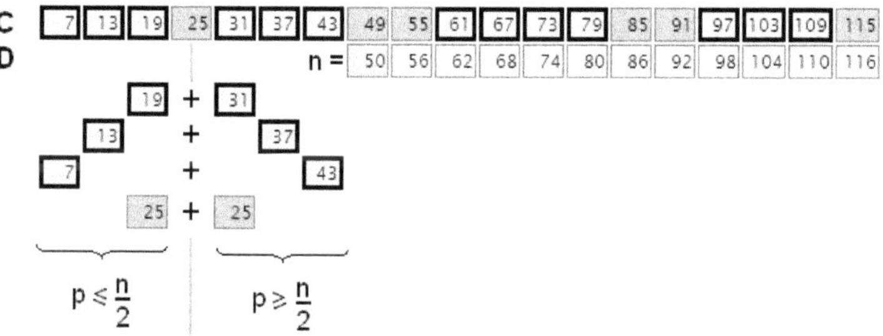

Para totalizar 50, as somas são formadas a partir de um número anterior à metade de 50 (ou 25 = **n** / 2) e um número posterior à metade, de forma simétrica. Desta forma, 13 e 37 são simétricos em relação ao 25.

Observe que na linha **C** estão incluídos, além dos número primos, os número que têm resto 1 na divisão por 6, mesmo que sejam números compostos e que chamamos de números postiços. Destacar esses números na tabela faz com que seja visível uma simetria com centro em 25.

Para totalizar o número 86, por exemplo, existem as seguintes somas:

7 + 79 e 13 + 73 e 19 + 67 e 43 + 43.

Algumas somas não são válidas para efeito da Conjectura de Goldbach, pois incluem números compostos:

37 + 49 e 31 + 55 e 25 + 61. Estas, embora resultem em 86, não estão de acordo com a Conjectura.

A figura a seguir evidencia isso:

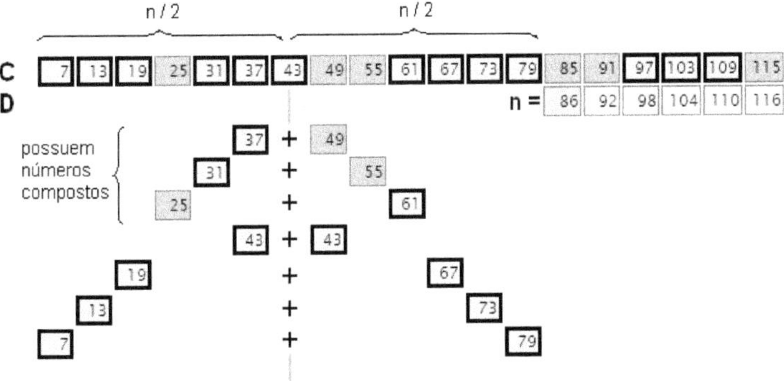

Em resumo, as somas são formadas a partir de um número anterior à metade do número par que se deseja obter, adicionado a um número pertencente à segunda metade, em simetria.

Essa característica da linha **D** pode ser percebida, também, nas linhas **B** e **F**.

Para a linha **F**, com resultados a partir de apenas números da linha **A**, o conceito é muito similar e não vamos detalhá-lo, mas pode ser verificado pelo leitor.

A		5	11	17	23	29	35	41	47	**A**: família do número 5
B			12	18	24	30	36	42	48	**B**: A + C
C		7	13	19	25	31	37	43	49	**C**: família do número 7
D			14	20	26	32	38	44	50	**D**: C + C
E			15	21	27	33	39	45	51	**E**: (ímpares)
F		10	16	22	28	34	40	46	52	**F**: A + A

A linha **B**, contudo, por envolver números primos das duas famílias (linhas **A** e **C**), é um pouco diferente e requer um exemplo específico.

Para determinar as somas que geram o número 36, encontramos sua metade, 18. As somas são formadas por dois grupos:

- pelos números primos menores que, ou iguais a, 18 da linha **A** e pelos números maiores que, ou iguais a, 18 da linha **C**. São exemplos, 5 + 31 e 17 + 19.

  A soma 11 + 25 envolve um número composto e não é adequada para a Conjectura; e

- pelos números primos menores que, ou iguais a, 18 da linha **C** e pelos números maiores que, ou iguais a, 18 da linha **A**. Exemplos: 13 + 23 e 7 + 29.

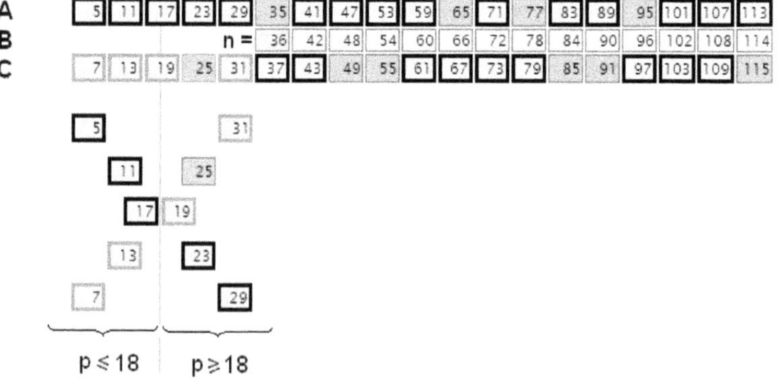

Outra forma que temos para identificar todas as 5 somas possíveis, é vista nessa figura:

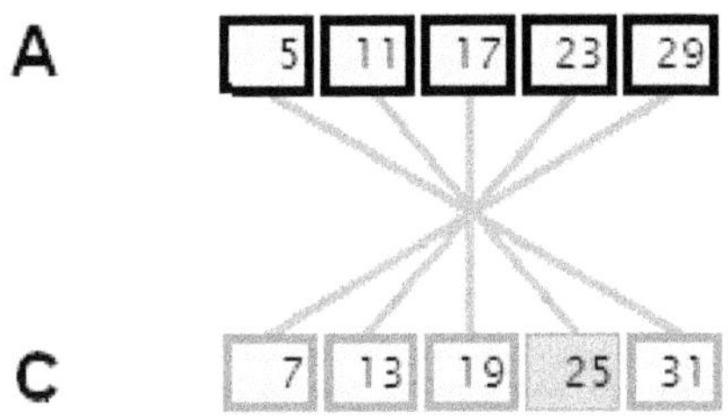

Um par de primos é necessário!

Para que a Conjectura de Goldbach seja válida, é necessário que pelo menos uma das somas possíveis para a totalização de um determinado número par possua, em ambas as parcelas, um número primo.

Caso contrário, a Conjectura falharia, pois não seria possível gerar um número par se todas as somas tivessem um número composto em alguma de suas duas parcelas.

A figura a seguir exibe uma situação na qual, para a totalização do número 556 da linha **F**, nenhuma soma preenche os critérios da Conjectura.

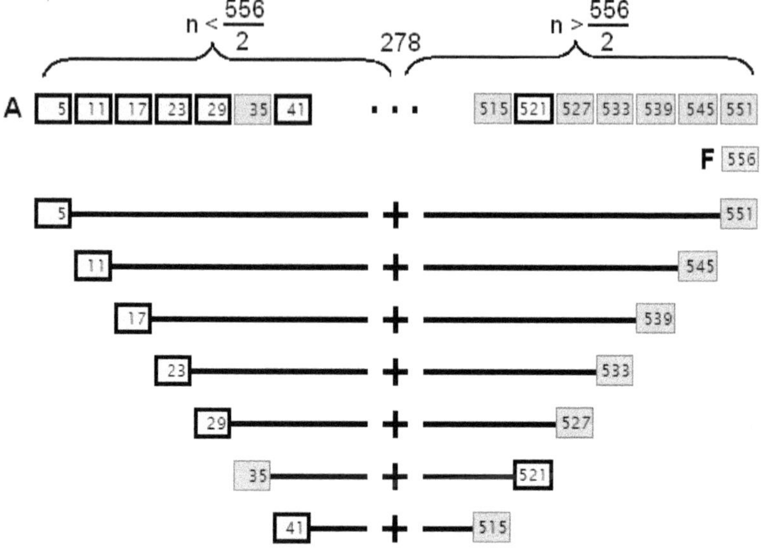

Até o número 41 da linha A, nenhum par simétrico viabiliza uma soma de números primos. Todas têm um número composto em uma das parcelas.

A Conjectura de Goldbach não possui demonstração formal, mas, segundo a Wikipedia, ela já foi avaliada empiricamente até 4 x 10^{18}, ou seja, sempre há primos na metade direita que se espelham em primos da metade esquerda formando somas válidas.

No caso real, os números 47 e 503 são primos, e confirmam que a Conjectura é válida:

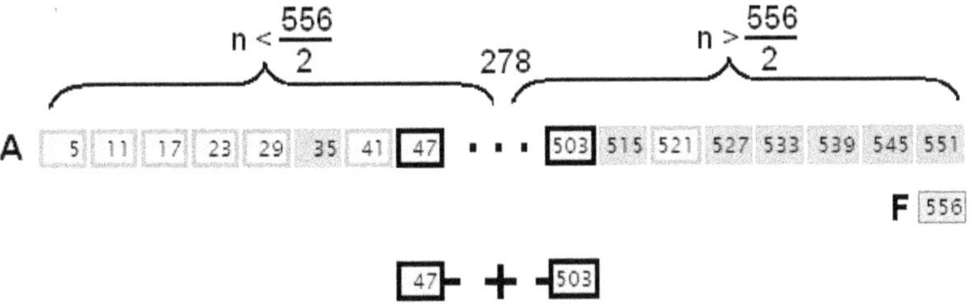

Um famoso postulado [13], enunciado no século 19 pelo matemático francês Joseph Bertrand e demonstrado em 1852 por Tchebychev, afirma que na metade direita sempre haverá pelo menos um número primo, contudo, isso não garante que um par válido poderá ser criado. O par da esquerda pode ser composto.

Há alguma simetria nos números primos

A partir do momento em que a Conjectura de Goldbach afirma que sempre existem somas que resultam em todos os números pares, podemos concluir que há, sempre, primos simétricos na primeira e na segunda metade de qualquer número par. Isso, considerando a visualização dos primos em duas Famílias.

Na figura a seguir, com os primos da Família do 5, vemos que considerando o número 140 como metade, os número da direita têm um correspondente simétrico na porção esquerda. Por exemplo, 167 é espelhado no 113 e 227 no 53.

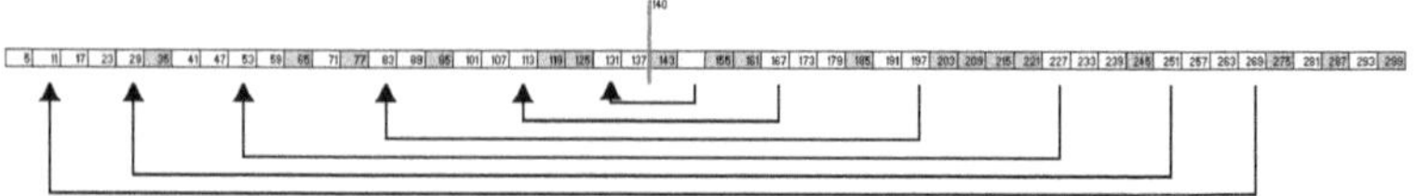

A figura anterior mostra um caso especial no qual todos os primos da porção direita se espelham na esquerda. Mas isso, é uma exceção. O normal é o espelhamento de apenas alguns primos:

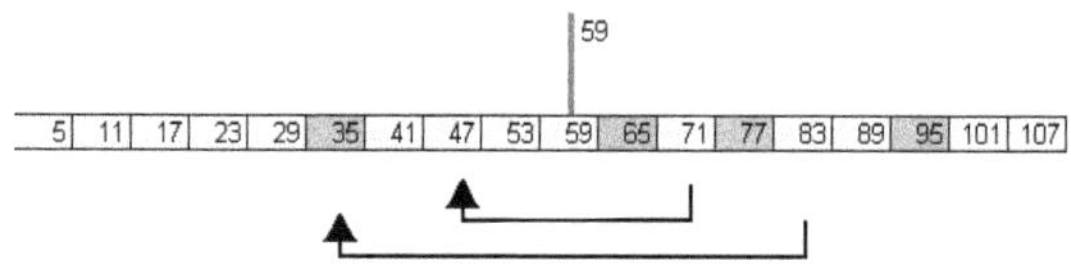

Se considerarmos o eixo de simetria como sendo o número 59 vemos que alguns primos, como o 83 não têm primos simétricos, pois 35 não é primo:

Mas quantos primos da metade da direita são simétricos a primos da metade esquerda?

Para avaliar a quantidade de números primos espelhados, escolhemos um número **n** e calculamos sua metade. A partir dela, verificamos quantos primos da segunda metade se espelham nos primos da primeira metade, conforme o diagrama:

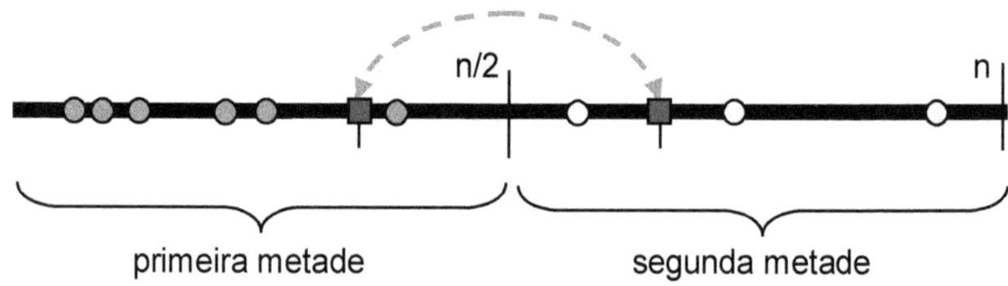

Os círculos em cinza indicam os números primos até a metade do número analisado. Os círculos claros, os números primos na segunda metade. O quadrados, os primos simétricos, considerando como eixo a metade calculada (ver programa Prog8 no Apêndice 4).

Fizemos isso variando o número **n** de 4 até 60. Por exemplo, para, **n** igual a 60, com metade igual a 30 temos 10 primos menores que 30, 7 primos na segunda metade, entre 30 e 60 e 6 primos espelhados, que são:

7 simétrico de 53;	19 simétrico de 41;
13 simétrico de 47;	23 simétrico de 37;
17 simétrico de 43;	29 simétrico de 31.

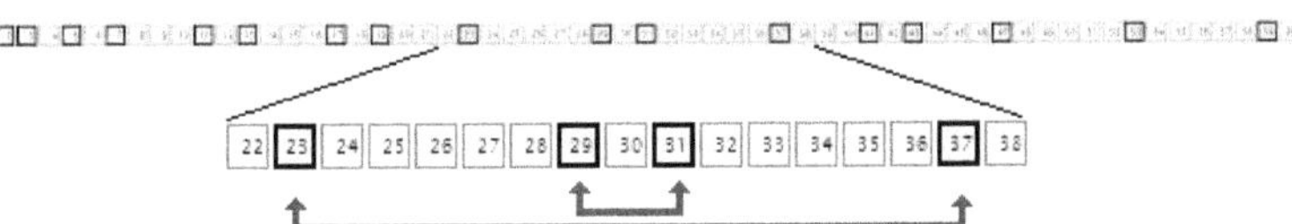

Os gráficos consolidando todos os resultados no intervalo 4 a 60 está a seguir:

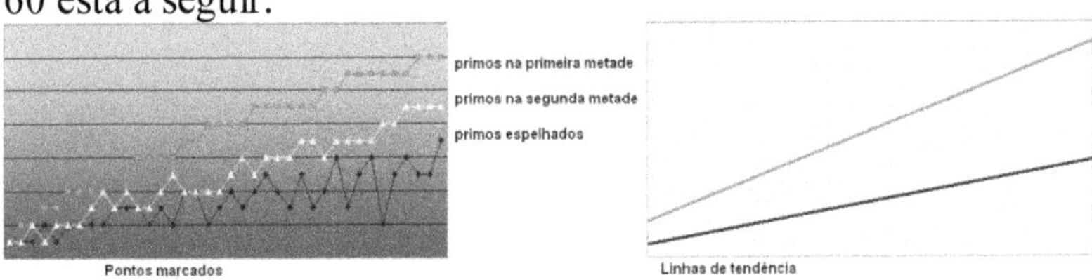

No gráfico do lado esquerdo notamos que:

- a quantidade de números primos na primeira metade (reta superior), vai crescendo de um a um, em patamares, à medida que vamos aumentando o **n** para análise;
- o mesmo ocorre com os primos entre **n/2** e **n** (reta do meio);
- os primos espelhados têm uma distribuição mais acidentada, com as quantidades aumentando e diminuindo.

O gráfico do lado direito possui as retas de tendência de cada grupo. É importante notar que, embora as quantidades dos

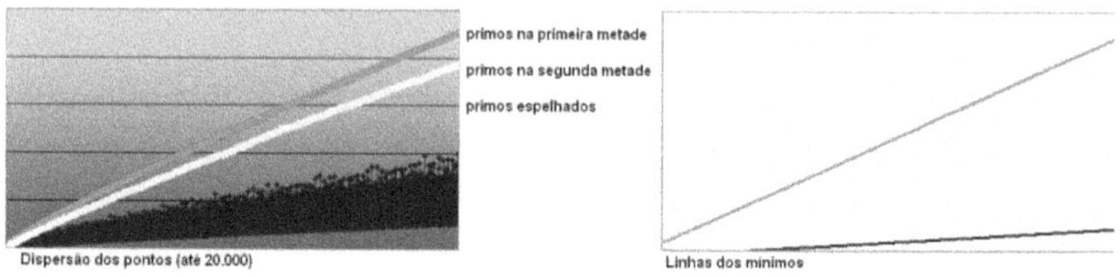

espelhados variem, a tendência é de crescimento contínuo. Talvez, linear[11].

A tendência crescente da quantidade de primos está evindeciada também nos gráficos a seguir, com 20.000 primos avaliados:

No gráfico da esquerda, fica claro que a dispersão das quantidades de primos espelhados (diferença entre a maior quantidade e a menor) é crescente. Mas, também, é preceptível que o patamar mínimo é crescente. Esse patamar, está marcado na reta inferior no gráfico da direita[12].

Assim sendo, conclui-se que a quantidade de primos espelheados é crescente. Ou seja, a quantidade de somas necessárias para a confirmação da Conjectura de Goldbach (reta inferior) aumenta à medida em que o número que define o eixo de simetria fica maior. Quando for descoberta a causa desse aumento, provavelmente, teremos a prova da Conjectura.

---

[11] O autor não dispõe de suporte computacional para avaliar o tipo de regressão ou tendência

[12] Os gráficos separando os primos por Famílias apresentam resultados similares e por isso não foram incluídos no texto.

5. E se os primos fossem negativos?

Os números primos são definidos como inteiros positivos e há um motivo histórico para isso.

Foram descobertos, ou inventados, na época de Pitágoras e Filolau, mais ou menos no século 5 antes de Cristo Naquela época o número zero e os números primos não eram conhecidos.

Surpreendentemente, o número zero tem uma história muito mais recente. O astrônomo e matemático indiano Brahmagupta (c. 600 d.C.) estabeleceu as primeiras regras para seu uso. A partir desse momento, os números negativos passaram a ser compreendidos e utilizados.

Na Europa, seu conceito foi divulgado mais ou menos em 1200 d.C. por Leonardo de Pisa, o mesmo Fibonacci que divulgou a famosa sequência que leva seu nome.

Mas, o conhecimento e o uso do zero somente passou a ser uma realidade europeia no ano de 1600, depois de muitas idas e vindas. É difícil imaginar que em 1299, a cidade de Florença proibiu o uso de algarismos arábicos e do número zero. Somente números romanos eram aceitos.

Por esse motivo, inventado antes do surgimento do zero, os números primos sempre foram números positivos. E são assim até hoje.

Mas, e se os números primos pudessem também ser negativos, como seriam?

Antes de mais nada, nossos olhos estão acostumados a somente ver números primos positivos. Não vemos –419, mas sim 419 multiplicado por (–1).

Vamos ver o caso do polinômio de Fung e Ruby, $36.n^2 - 810\ n + 2753$ que gera 45 primos distintos (OEIS A050268).

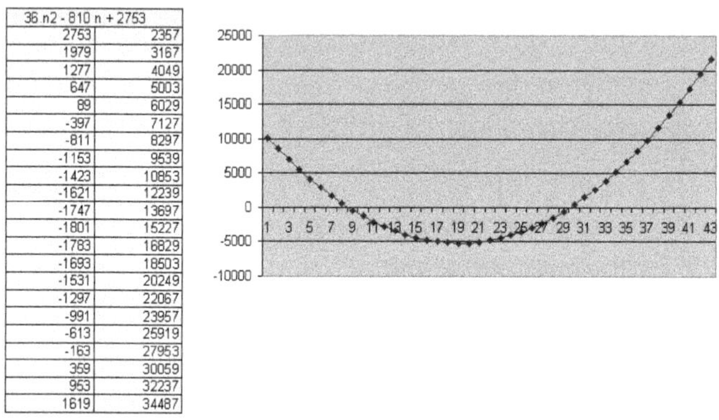

36.n2 - 810 n + 2753	
2753	2357
1979	3167
1277	4049
647	5003
89	6029
-397	7127
-811	8297
-1153	9539
-1423	10853
-1621	12239
-1747	13697
-1801	15227
-1783	16829
-1693	18503
-1531	20249
-1297	22067
-991	23957
-613	25919
-163	27953
359	30059
953	32237
1619	34487

O gráfico dos 45 pontos tem a aparência de uma parábola, como era de se esperar. Se, contudo, considerarmos que os número negativos são uma especificidade da equação, e transformar os negativos em positivos, teríamos o gráfico a seguir, com aparência anômala.

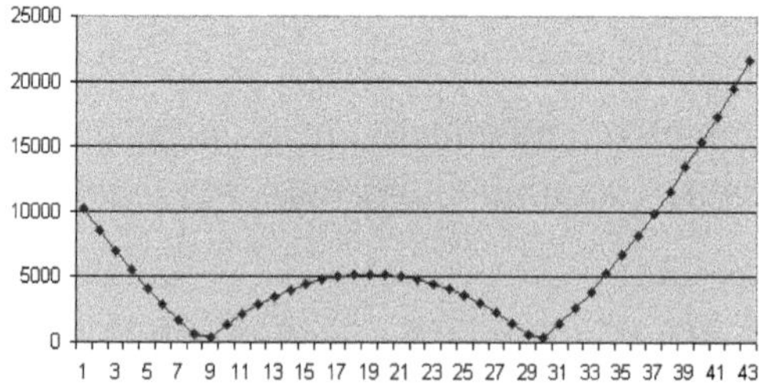

Padrão 6x + 1 e 6x – 1

Os números primos seguem o padrão **6x + 1** e **6x – 1**. Se considerarmos que **x** pode ser negativo, teremos a seguinte distribuição dos números:

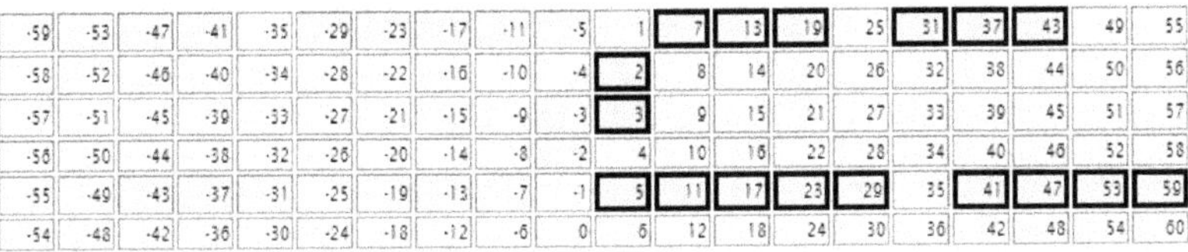

-59	-53	-47	-41	-35	-29	-23	-17	-11	-5	1	7	13	19	25	31	37	43	49	55
-58	-52	-46	-40	-34	-28	-22	-16	-10	-4	2	8	14	20	26	32	38	44	50	56
-57	-51	-45	-39	-33	-27	-21	-15	-9	-3	3	9	15	21	27	33	39	45	51	57
-56	-50	-44	-38	-32	-26	-20	-14	-8	-2	4	10	16	22	28	34	40	46	52	58
-55	-49	-43	-37	-31	-25	-19	-13	-7	-1	5	11	17	23	29	35	41	47	53	59
-54	-48	-42	-36	-30	-24	-18	-12	-6	0	6	12	18	24	30	36	42	48	54	60

As duas Famílias, do 1 e do 5, reproduzem-se no espaço negativo, em posições invertidas.

Note que o número 1, considerado primo pelo autor (ver o próximo capítulo), tem um espelho negativo (–1) na outra Família. Mais precisamente, talvez pudéssemos chamar as duas Famílias de família do número 1 e Família do número –1.

Dessa visualização surge uma propriedade de simetria interessante.

Simetria dos números postiços

A cada número postiço de uma determinada Família, corresponde outro número postiço, negativo, com o centro de simetria em um número primo ou postiço que é seu menor fator.

Na figura, vemos os simétricos, com 5 como menor fator:

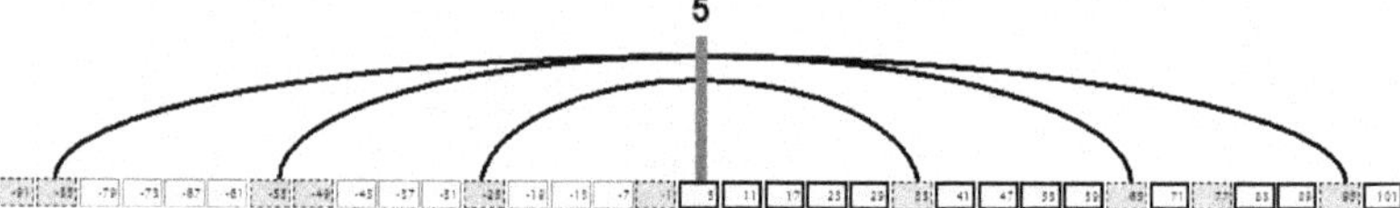

Os números apontados são múltiplos de 5 e a cada um deles corresponde um simétrico negativo. 35 é simétrico de –25, 65 é simétrico de –55 etc. Na visualização tradicional, sem considerar os números negativos, e as duas Famílias, essa simetria não é evidente:

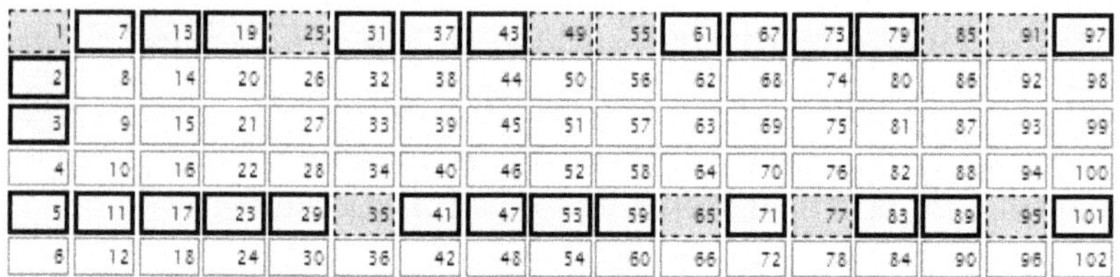

1	7	13	19	25	31	37	43	49	55	61	67	73	79	85	91	97
2	8	14	20	26	32	38	44	50	56	62	68	74	80	86	92	98
3	9	15	21	27	33	39	45	51	57	63	69	75	81	87	93	99
4	10	16	22	28	34	40	46	52	58	64	70	76	82	88	94	100
5	11	17	23	29	35	41	47	53	59	65	71	77	83	89	95	101
6	12	18	24	30	36	42	48	54	60	66	72	78	84	90	96	102

Outra forma de se verificar a simetria dos múltiplos de 5 está na figura, com os múltiplos de 5 marcados com cor escura:

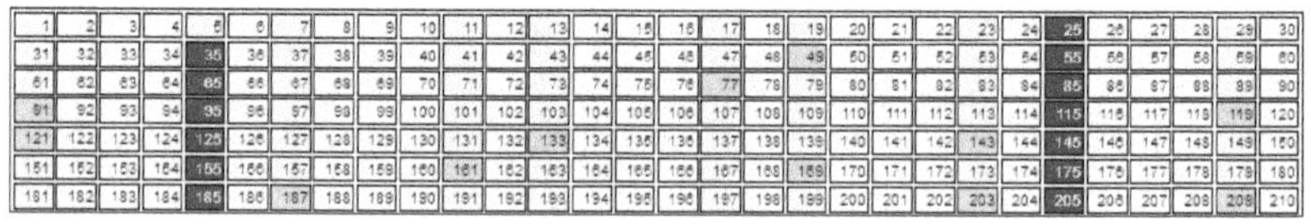

1	2	3	4	5	6	7	8	9	10	11	12	13	14	15	16	17	18	19	20	21	22	23	24	25	26	27	28	29	30
31	32	33	34	35	36	37	38	39	40	41	42	43	44	45	46	47	48	49	50	51	52	53	54	55	56	57	58	59	60
61	62	63	64	65	66	67	68	69	70	71	72	73	74	75	76	77	78	79	80	81	82	83	84	85	86	87	88	89	90
91	92	93	94	95	96	97	98	99	100	101	102	103	104	105	106	107	108	109	110	111	112	113	114	115	116	117	118	119	120
121	122	123	124	125	126	127	128	129	130	131	132	133	134	135	136	137	138	139	140	141	142	143	144	145	146	147	148	149	150
151	152	153	154	155	156	157	158	159	160	161	162	163	164	165	166	167	168	169	170	171	172	173	174	175	176	177	178	179	180
181	182	183	184	185	186	187	188	189	190	191	192	193	194	195	196	197	198	199	200	201	202	203	204	205	206	207	208	209	210

Na próxima figura vemos os simétricos com 11, no caso 77 e –55:

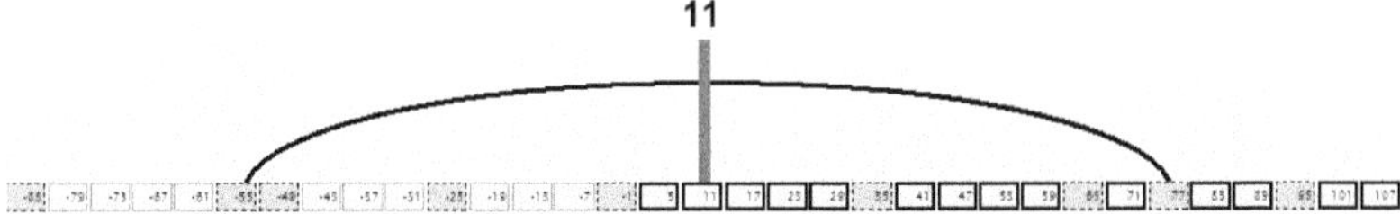

Podemos observar que o número –55 é simétrico ao mesmo tempo, do número 65, com eixo em 5, e simétrico a 77, se o eixo for o número 11.

As simetrias são todas sobrepostas formando um diagrama complexo, como podemos ver com a sobreposição apenas das simetria do 11 e do 5:

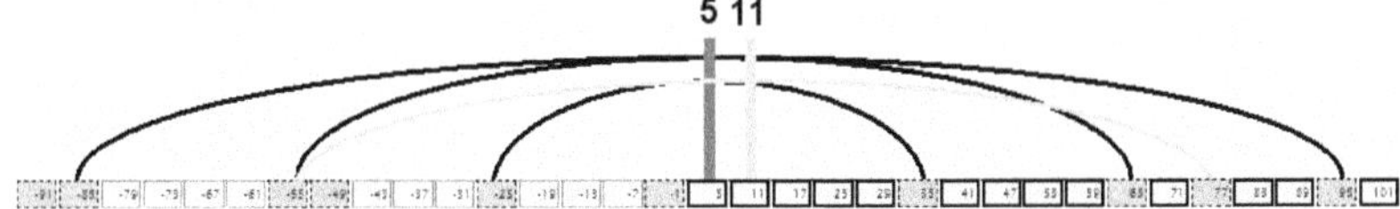

A mesma situação ocorre com os postiços da Família do 1.

Isso nos permite imaginar que a existência de primos gêmeos se deve à distribuição desses múltiplos de cada número das Famílias. Os números serão gêmeos se não houver um postiço múltiplo no intervalo. E a distribuição dos postiços positivos e negativos não forma uma simetria, fazendo com que não haja simetria dos gêmeos positivos e negativos.

Na figura a seguir vemos alguns gêmeos: 599 e 601, 617 e 619, 641 e 643:

577	583	589	595	601	607	613	619	625	631	637	643	649
578	584	590	596	602	608	614	620	626	632	638	644	650
579	585	591	597	603	609	615	621	627	633	639	645	651
580	586	592	598	604	610	616	622	628	634	640	646	652
581	587	593	599	605	611	617	623	629	635	641	647	653
582	588	594	600	606	612	618	624	630	636	642	648	654

O número 587 não tem gêmeo pois 589 é produto de 19 e 31. Além disso, 589 tem um simétrico em relação ao número 19, que é 570.

6. Seria o número 1, primo?

Ser ou não ser, eis a questão.
– Hamlet

Atualmente, o número 1 não tem sido considerado um número primo, mas já foi...

Esse "status" não tem origem em uma "demonstração matemática", mas foi uma escolha feita por matemáticos que pensaram sobre o assunto ao longo dos anos.

Estudando para escrever este livro, o autor chegou à conclusão que seria mais apropriado definir o número 1 como primo.

Importantes matemáticos defenderam uma ou outra posição.

A divergência começou com Platão (400 a.C.) Para ele o número 1 não era um número e, portanto, não poderia ser considerado um número primo. Para os pitagóricos, um número seria uma coleção de unidades, o que não é o caso dele.

Espeusipo, sobrinho de Platão, poucos anos depois, já considerava o 1 como sendo um número e, assim sendo, seria um número primo.

Em um dos livros que baseou esse capítulo, [14] encontramos uma lista com muitos e muitos estudiosos, matemáticos e autores que descartaram o 1 como um número primo. E, ainda, outros que o consideraram primo.

O importante matemático Christian Goldbach (1742) usou o número 1 em seus cálculos com primos. Por outro lado, seu amigo Euler se alinhou ao grupo que evitou chamá-lo de número primo.

No entanto, o autor encontrou uma opinião mais próxima da sua ao ler a explicação de Derrick Henry Lehmer no início da introdução de sua *List of Prime Numbers From 1 to 10,006,721* (1914):

A prime number is defined as one that is exactly divisible by no other number than itself and unity. The number 1 itself is to be considered as a prime according to this definition and has been listed as such in the table. Some mathematicians,[1] however, prefer to exclude unity from the list of primes, thus obtaining a slight simplification in the statement of certain theorems. The same reasons would apply to exclude the number 2, which is the only even prime, and which appears as an exception in the statement of many theorems also. The number 1 is certainly not composite in the same sense as the number 6, and if it is ruled out of the list of primes it is necessary to create a particular class for this number alone.

A explicação de Lehmer, poderia ser traduzida assim:

"Um número primo é definido como aquele que não é exatamente divisível por nenhum outro número além dele mesmo e da unidade. O próprio número 1 deve ser considerado primo de acordo com esta definição e foi listado como tal na tabela. Alguns matemáticos, porém, preferem excluir a unidade da lista dos primos, obtendo assim uma ligeira simplificação na afirmação de certos teoremas. As mesmas razões se aplicariam para excluir o número 2, que é o único primo par, e que aparece também como uma exceção na declaração de muitos teoremas. O número 1 certamente não é composto no mesmo sentido que o número 6, e se for excluído da lista de primos é necessário criar uma classe particular apenas para este número."

Mas, talvez, a melhor forma de convencer o leitor seria buscar algumas referências mais concretas, evitando opiniões e simpatias.

Ao analisar o assunto, podemos pensar na seguinte ideia para classificá-lo: os testes de primalidade. Eles indicam se um número é composto ou primo. Assim, aplicando testes, alguns abordados neste livro, ao número 1 chegamos ao seguinte:

Divisões sucessivas – O número 1 não é divisível por nenhum número menor que ele (até por que não os há), portanto não tem divisores, requisito para ser primo.

Pequeno Teorema de Fermat – Um número é primo se satisfizer a equação $\mathbf{2^{n-1} - 1 \equiv 0 \pmod{n}}$.

O número 1 a satisfaz: $\mathbf{2^0 - 1 \equiv 0 \pmod{1}}$ ou $\mathbf{0 \equiv 0 \pmod{1}}$

Triângulo de Pascal – No Triângulo (ver Capítulo 7), o número 1 divide, de forma inteira, todas as células da linha um. Essa é a principal característica de um número primo.

Teste Heroniano – Aplicando o teste, criado pelo autor, descrito no Capítulo 11, o número 1 é indicado como primo, pois divide o primeiro valor B_1 da sequência B, menos 4 de forma inteira ($B_n - 4 \equiv 0 \pmod{n}$ para **n** primo).

Por outro lado, no **Teste com Fibonacci** descrito no Capítulo 8, o número 1, junto com o número 5 não são indicados como primos.

E, também, o **Teorema de Wilson** nos traz um resultado diferente. Segundo o Teorema, um número é primo se, e somente se, satisfizer $\mathbf{(n-1)! \equiv n - 1 \pmod{n}}$. Se igualarmos **n** a 1 teremos que $\mathbf{0! = 1 \neq n - 1}$, ou seja, 1 não seria primo.

Uma situação curiosa acontece se considerarmos 1 como primo. Neste caso, $\mathbf{M_1 = 2^n - 1 = 1}$ é um primo de Mersenne.

A própria definição de número primo, "*Um número primo é aquele que somente pode ser dividido por um e por ele mesmo, resultando em um quociente inteiro, sem deixar resto.*" nos incentiva a pensar que ele está mais adequado pertencendo aos números primos.

O autor também é de opinião que não há por que inventarmos uma classificação especial para ele. Sendo que 1 seria ou primo ou composto e, certamente, composto não é. Portanto, é primo.

Olhando para o diagrama com os números primos separados em duas Famílias (ver figura), parece imediato considerar 1 como primo, uma vez que não é composto:

1	7	13	19	25	31	37	43	49	55	61	67	73	79	85	91
2	8	14	20	26	32	38	44	50	56	62	68	74	80	86	92
3	9	15	21	27	33	39	45	51	57	63	69	75	81	87	93
4	10	16	22	28	34	40	46	52	58	64	70	76	82	88	94
5	11	17	23	29	35	41	47	53	59	65	71	77	83	89	95
6	12	18	24	30	36	42	48	54	60	66	72	78	84	90	96

Modernamente, os matemáticos deixaram de considerar o número 1 como primo para atender a uma outra definição, a do Teorema Fundamental da Aritmética [7]. Deixou de ser primo para simplificar uma definição importante.

E qual é a importância de sabermos se 1 é ou não primo?

Antes de qualquer coisa, a matemática, por ser complexa como as demais ciências, precisa ter uma base de referência para evitar o caos que surgiria de uma Torre de Babel. Portanto, os matemáticos estabelecem definições e regras básicas e universais.

Contudo, ciência que é, não seria aceitável que algumas de suas definições, básicas ou não, fossem tratadas como dogmas religiosos para os quais não cabem dúvidas ou questionamentos.

Discutir, com base em vantagens e desvantagens, correções ou erros, sobre tratar o número 1 como primo (ou não) somente traz benefícios para a matemática como um todo.

É do debate que surgem novas ideias e inovações!

A partir deste capítulo, indicaremos o número 1 como primo para manter coerência com a opinião do autor, descrita acima.

7. Triângulo de Pascal

Há centenas de anos, o mundo conhece um triângulo aritmético construído apenas por meio de somas simples. Pascal estudou em detalhes esse triângulo e registrou muitas de suas propriedades matemáticas. Após a publicação de seu *Traité du triangle arithmétique* (Tratado do triângulo aritmético [15]), o triângulo ficou conhecido no ocidente como Triângulo de Pascal. Ele será usado como base neste livro para explicar os motivos pelos quais o Pequeno Teorema de Fermat funciona.

A seguir uma representação do triângulo:

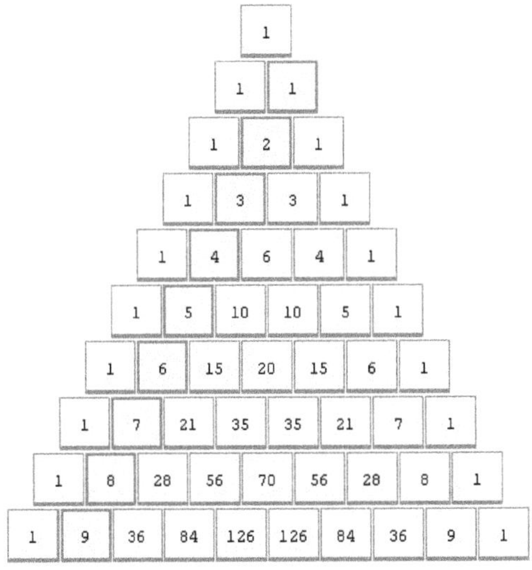

O programa Prog9, no Apêndice 4, gera um Triângulo similar a esse.

Todas as linhas começam e terminam pelo número 1 e o número de cada linha aparece na segunda célula da linha (em destaque). A primeira linha é a de número 0.

Construção do Triângulo com somas

O valor de cada célula é resultado da soma do valor das duas células que estão logo acima dela. Na construção, considerarmos que o triângulo está envolvido por células com valor zero.

Se o valor da célula da primeira linha for 1 teremos o triângulo mais tradicional ,que é gerado conforme a figura:

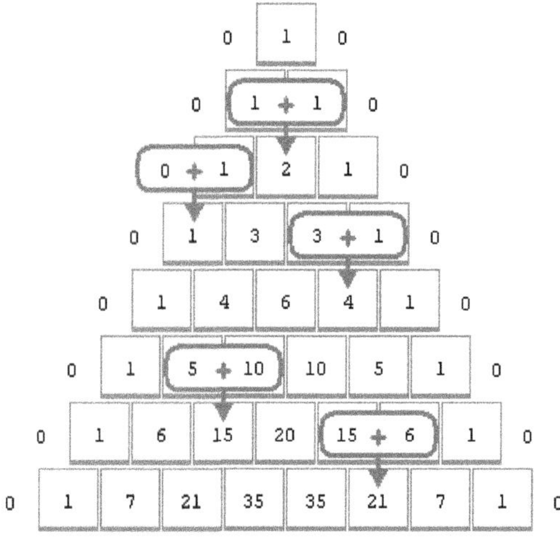

Construção do Triângulo com coeficientes binomiais

As células do triângulo têm valores correspondentes a coeficientes binomiais:

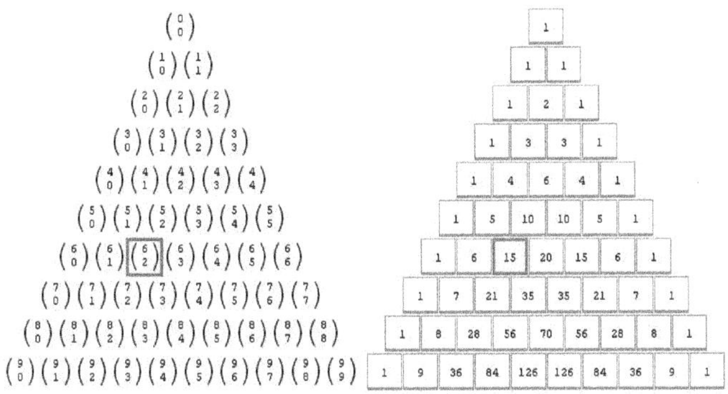

O coeficiente binomial $\binom{n}{r}$, ou **(n, r)**, possui o valor do total de combinações de **n** elementos, tomados **r** a **r**, sendo **n** o número da linha e **r** o índice da célula. Ambos se iniciam em 0.

Por exemplo, se tivermos 6 bolas com cores diferentes e quisermos saber quantas variações diferentes podemos organizar escolhendo duas de cada vez, calculamos a combinação de 6 bolas tomadas 2 a 2, ou **(6, 2)**, que é 15, conforme destacado na figura acima.

Usando a notação com fatoriais[13], o coeficiente binomial é expresso como

$$\binom{n}{r} = \frac{n!}{r!(n-r)!} \qquad (1)$$

Ou, usando multiplicações, temos

$$\binom{n}{r} = \frac{n \cdot (n-1) \cdot (n-2) ... (n-r+1)}{1 \cdot 2 \cdot 3 \cdot (r-2) \cdot (r-1) \cdot r} \qquad (2)$$

[13] O fatorial **n!** é igual ao produto de **n** por todos os números inteiros menores que ele.

É importante destacar que, nessa última equação, ambos, numerador e denominador possuem **r** fatores.

Exemplos:

$$\binom{5}{3} = \frac{5 \cdot 4 \cdot 3}{1 \cdot 2 \cdot 3} = 10$$

$$\binom{6}{2} = \frac{6 \cdot 5}{1 \cdot 2} = 15$$

$$\binom{7}{3} = \frac{7 \cdot 6 \cdot 5}{1 \cdot 2 \cdot 3} = 35$$

$$\binom{7}{5} = \frac{7 \cdot 6 \cdot 5 \cdot 4 \cdot 3}{1 \cdot 2 \cdot 3 \cdot 4 \cdot 5} = 35$$

As linhas 5 e 6 do triângulo são formadas a partir dos seguintes quocientes:

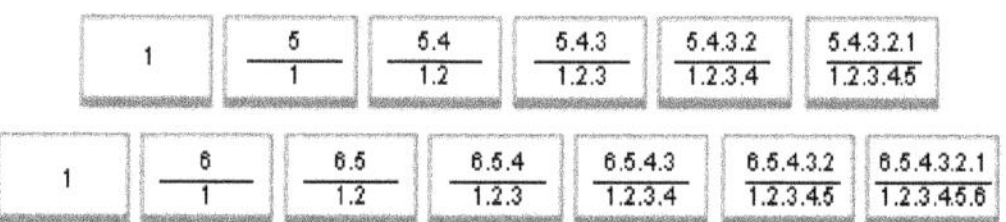

Que resultam em:

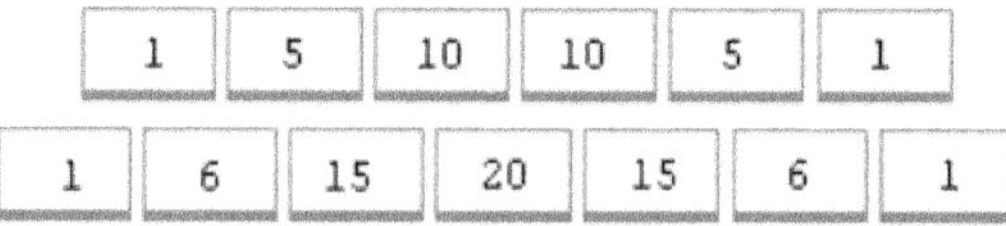

Construção a partir de células anteriores

O valor de uma célula pode ser calculado diretamente a partir de célula da linha anterior segundo a seguinte equação:

$$\binom{n}{r} = \binom{n-1}{r-1} \cdot \frac{n}{r} \qquad (3)$$

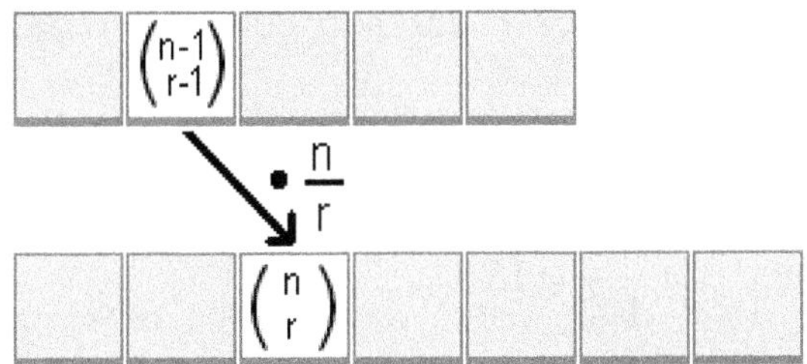

Demonstração

A equação do coeficiente binomial com produtos (2) é a seguinte:

$$\binom{n}{r} = \frac{n \cdot (n-1) \cdot (n-2) ... (n-r+1)}{1 \cdot 2 \cdot 3 \cdot (r-2) \cdot (r-1) \cdot r}$$

Rearrumando, para destacar **n / r**, temos

$$\binom{n}{r} = \frac{(n-1) \cdot (n-2) ... (n-r+1)}{1 \cdot 2 \cdot 3 \cdot (r-2) \cdot (r-1)} \cdot \frac{n}{r}$$

Substituindo o primeiro fator pelo coeficiente binomial correspondente, $\binom{n-1}{r-1}$, chegamos à equação (3):

$$\binom{n}{r} = \binom{n-1}{r-1} \cdot \frac{n}{r}$$

O coeficiente $\binom{n-1}{r-1}$ é um inteiro e o numerador de $\binom{n}{r}$ é composto por **r** fatores, seqüenciais, e, por isso, um deles sempre é dividido por **r**, fazendo com que o resultado seja, sempre, um inteiro.

Exemplo para **n**=7 e **r**=3:

$$\binom{n-1}{r-1} = \binom{6}{2} = \frac{6 \cdot 5}{1 \cdot 2} = 15$$

e

$$\binom{n}{r} = \binom{7}{3} = \binom{6}{2} \cdot \frac{7}{3} = \frac{7 \cdot 6 \cdot 5}{1 \cdot 2 \cdot 3} = 35$$

Propriedades do Triângulo de Pascal

Nesta seção veremos algumas propriedades relevantes para o entendimento do que será apresentado nos capítulos seguintes.

Soma dos valores das células das linhas

A soma dos valores das células de uma linha totaliza $\mathbf{2^n}$, onde **n** é o número da linha, conforme podemos ver na figura:

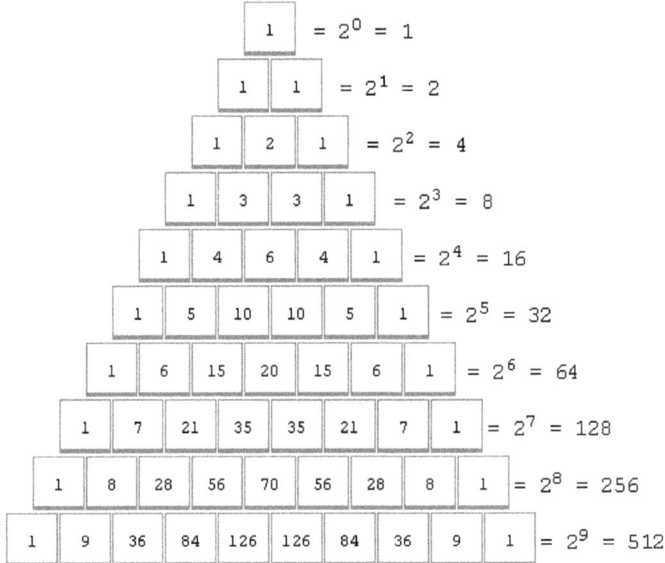

Isso se deve ao fato de o valor das células resultar da soma dos valores das células que lhes estão acima e que são totalizadas duas vezes na linha seguinte, conforme exemplo com o total da linha 5:

$$0+1 \quad + \quad 1+4 \quad + \quad 4+6 \quad + \quad 6+4 \quad + \quad 4+1 \quad + \quad 1+0 = 2^5 = 32$$

Que pode ser visto na figura:

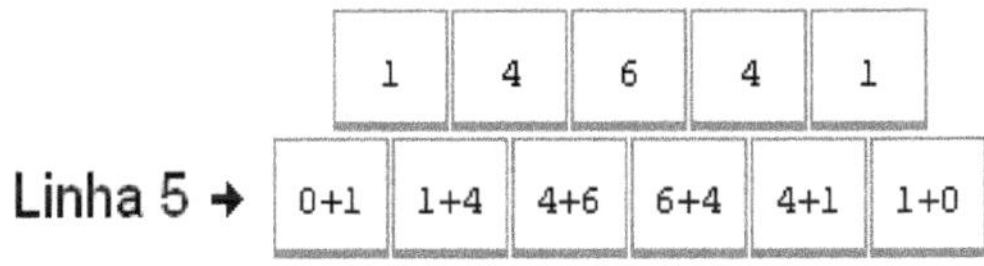

Por esse motivo, cada linha tem o dobro do valor da linha anterior, começando de 1 (= 2^0) e seguindo com 2^1, 2^2, 2^3 etc.

O Triângulo tem simetria vertical

Cada linha do triângulo é simétrica de forma que todo o triângulo apresenta uma simetria com um eixo vertical:

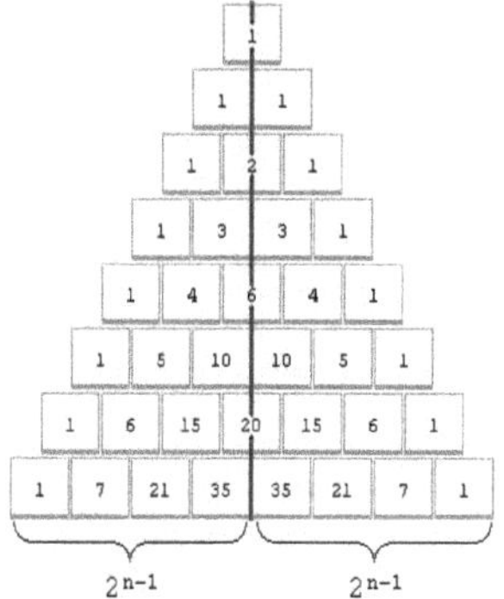

Os números primos dividem somas de números em diagonal

Esta propriedade será usada nos capítulos referentes aos testes de primalidade Heroniano e de Lucas-Lehmer.

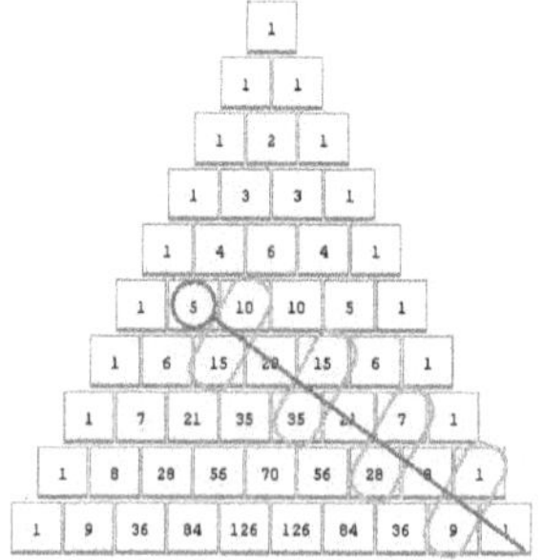

A soma das células ao lado da diagonal de um número primo é divisível por ele. Por exemplo, 10+15= 25, divisível por 5 e 28+7 = 35, também divisível por 5. Repare que, neste caso, nem o 28 nem o 7 são divisíveis por 5, mas 35 é.

Demonstração:

A soma ***S*** das duplas de células é dada por:

$$S = \binom{n+k-1}{2 \cdot k} + \binom{n+k}{2 \cdot k} \quad \textit{para} \quad k = 1,2,\ldots n-1$$

$$S = \frac{n \cdot (n-1) \cdot (n-2) \ldots (n-2k+1)}{1 \cdot 2 \cdot 3 \ldots 2k} + \frac{(n+1) \cdot n \cdot (n-1) \ldots (n-2k+2)}{1 \cdot 2 \cdot 3 \ldots 2k}$$

é divisível por ***n***, se for primo.

Podemos notar que o fator ***n*** está presente no numerador de ambas as parcelas. Se ele não for divisível por qualquer dos fatores do denominador (exceto pelo 1), poderá ser colocado em evidência, o que torna ***S*** divisível por ***n***:

Quando ***n*** é um número composto, ele não poderá ser colocado em evidência pois é divisível por algum dos fatores do

$$S = n \cdot \left(\frac{(n-1) \cdot (n-2) \ldots (n-r+1)}{1 \cdot 2 \cdot 3 \ldots r} + \frac{(n+1) \cdot (n-1) \ldots (n-r+2)}{1 \cdot 2 \cdot 3 \ldots r} \right)$$

denominador.

Por outro lado, a soma sempre será divisível por ***n***, se este for primo, pois não tem divisores. Exemplo com o primo 13:

$$S = \binom{13+3-1}{2 \cdot 3} + \binom{13+3}{2 \cdot 3} = \binom{15}{6} + \binom{16}{6} = 5005 + 8008 = 13013$$

Exemplo para a soma (8,4)+(9,4) referente à diagonal do primo 7:

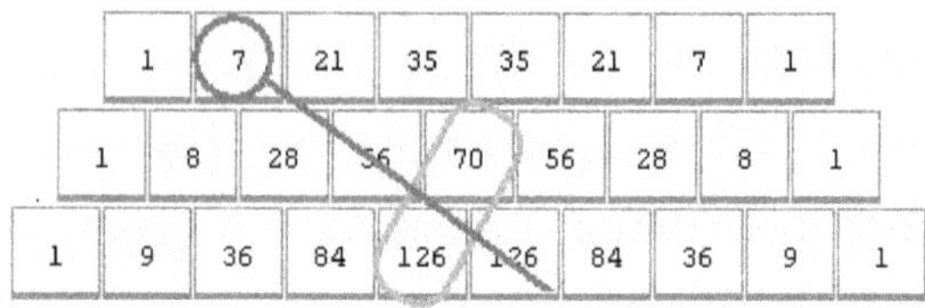

$$S=\binom{8}{4}+\binom{9}{4}=\frac{8\cdot 7\cdot 6\cdot 5}{1\cdot 2\cdot 3\cdot 4}+\frac{9\cdot 8\cdot 7\cdot 6}{1\cdot 2\cdot 3\cdot 4}=70+126=196$$

Podemos colocar o 7 em evidência, pois não é divisível pelos números de 2 a 4:

fazendo com que a soma S seja divisível por 7. Note que alguns números, por exemplo o número 8, não podem ser colocados em evidência, pois são divisíveis por fatores, diferentes de 1, presentes no denominador. No caso do 8 os fatores são 2 e 4:

$$S=7\cdot\left(\frac{8\cdot 6\cdot 5}{1\cdot 2\cdot 3\cdot 4}+\frac{9\cdot 8\cdot 6}{1\cdot 2\cdot 3\cdot 4}\right)$$

$$S=7\cdot\left(\frac{1\cdot 2\cdot 5}{1}+\frac{3\cdot 1\cdot 6}{1}\right)=7\cdot 28=196$$

Os números primos dividem os elementos da linha

Quando os números das linhas são primos, eles dividem todos os valores das células de sua linha, exceto o 1 inicial e o 1 final.

Por exemplo, 7 divide os valores 7, 21 e 35 da linha 7. Contudo, quando o número da linha não é primo, alguns dos valores não são divisíveis por ele. Por exemplo, o número composto 8 não divide nem 28, nem 70.

1	7	21	35	35	21	7	1	
1	8	28	56	70	56	28	8	1

Teste de primalidade com base no Triângulo de Pascal

Ao contrário do que estamos acostumados a ler na literatura, a propriedade de um número primo dividir o valor de todas as células da linha não é uma causa, mas sim, uma consequência.

A regra mais geral é:

*Um número **n** é composto se houver pelo menos uma célula na linha **n**, além da primeira e da última, cujo valor não seja divisível por **n**.*

Por esse motivo, se **n** dividir o valor de todas as células[14], então, é primo.

[14] Exceto a primeira e a última células, com valor 1.

Na figura abaixo, nas linhas referentes aos números 11 e 13, todas as células, marcadas com √, têm valores múltiplos de 11 e 13, respectivamente. Em razão disso, são números primos.

Por outro lado, na linha 12, algumas células são divisíveis por 12, outras não. Bastaria o fato de 66 não ser divisível por 12 para determinar que o número é composto.

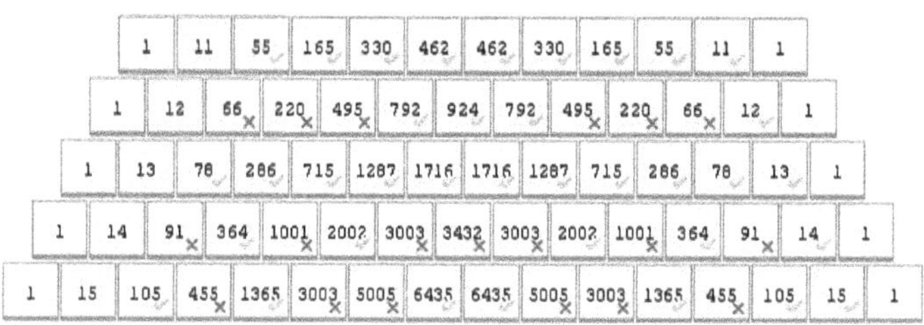

Casos de divisibilidade

Sejam $\mathbf{V_1}$, $\mathbf{V_2}$, ... $\mathbf{V_{n-1}}$, os valores das células com **r** igual a 1, 2, ... **n**–1 da linha do Triângulo de Pascal referente a um número **n** qualquer:

Linha n	1	V_1	V_2	V_3	V_4	...	V_{n-1}	1

Sejam C as células antecedentes, temos que:

$$C = \binom{n-1}{r-1} \qquad e \quad Vr = \binom{n}{r}$$

Então, ajustando a equação (3):

$$Vr = \binom{n}{r} = \binom{n-1}{r-1} \cdot \frac{n}{r} = C \cdot \frac{n}{r}$$

Assim,

$$Vr = \frac{C \cdot n}{r}$$

E **r** divide **C** ou **n** ou ambos, pois $\mathbf{V_r}$ é um inteiro.

Casos de divisibilidade do valor do coeficiente da célula antecedente, **C**:

a) Se **r** divide **C**, então **n** está presente no resultado e $\mathbf{V_r}$ é um múltiplo de **n**. Não importando o valor de **n**, que pode ser primo ou composto.

Exemplo com **n**=14, composto, e **r**=5:

$$\underbrace{\binom{14}{5}}_{V_r} = \binom{13}{4} \cdot \frac{14}{5} = \underbrace{\frac{13 \,.\, 12 \,.\, 11 \,.\, 10}{1 \,.\, 2 \,.\, 3 \,.\, 4}}_{C} \bullet \frac{14}{5} = 715 \bullet \frac{14}{5} = 2002$$

O número 5 divide **C** = 715, e não divide 14, que é um número composto e, por isso, está presente no resultado, que é seu múltiplo.

O valor $\mathbf{V_r}$ = 2002 , portanto, é divisível por 14.

Exemplo com **n** primo:

$$\underbrace{\binom{13}{4}}_{V_r} = \binom{12}{3} \bullet \frac{13}{4} = \underbrace{\frac{12 \,.\, 11 \,.\, 10}{1 \,.\, 2 \,.\, 3}}_{C} \bullet \frac{13}{4} = 220 \bullet \frac{13}{4} = 715$$

O número 4 divide 220, e não divide 13, primo. Assim sendo, o valor de $\mathbf{V_r} = 715$ é divisível por 13.

Exemplo com **n**=12, composto e com **C** múltiplo de **n**:

$$\underbrace{\binom{12}{6}}_{V_r} = \underbrace{\frac{11 \,.\, 10 \,.\, 9 \,.\, 8 \,.\, 7}{1 \,.\, 2 \,.\, 3 \,.\, 4 \,.\, 5}}_{C} \bullet \frac{12}{6} = 462 \bullet \frac{12}{6} = 924$$

O número 6 divide 462 e também divide 12, que é composto, por isso, o valor $\mathbf{V_r} = 924$ é divisível por 12.

O valor de **C** é múltiplo de 12, pois 9 . 8 = 72 é múltiplo de 12 e, assim, mesmo que 12 seja divisível por 6, está presente no resultado.

Exemplo com **n**, composto, e com **C** que não é múltiplo de **n**:

$$\underbrace{\binom{12}{5}}_{V_r} = \underbrace{\frac{11 \,.\, 10 \,.\, 9 \,.\, 8}{1 \,.\, 2 \,.\, 3 \,.\, 4}}_{C} \bullet \frac{12}{5} = 330 \bullet \frac{12}{5} = 792$$

O número 5 divide 330 que não é divisível por 12.

O valor $\mathbf{V_r} = 792$ é divisível por 12.

b) Se **r** não divide **C**, obrigatoriamente, **r** divide **n**, ou seja, **n** é composto.

E, além disso, neste caso, $\mathbf{V_r}$ não é múltiplo de **n**, pois, **C** não é múltiplo de **n**.

Caso **C** fosse múltiplo de **n**, **r** dividiria **C** e estaria em desacordo com este caso.

Este caso também se justifica pelo fato de que o numerador de $\mathbf{V_r}$ é composto por **r** fatores sendo eles: o número **n** e os fatores do numerador de **C**. Como **r** não divide **C**, obrigatoriamente divide **n**, como vimos anteriormente.

Exemplo com **n**=12, composto e **r** não divide **C**:

$$\underbrace{\binom{12}{3}}_{V_r} = \underbrace{\frac{11 \cdot 10}{1 \cdot 2}}_{C} \cdot \frac{12}{3} = 55 \cdot \frac{12}{3} = 220$$

O número 3 não divide 55, mas divide 12, composto.

Sendo assim, o valor $\mathbf{V_r}$ = 220 não é divisível por 12.

Em conformidade com o caso (a), quando $\mathbf{V_r}$ é divisível por **n**, não se pode determinar se **n** é primo ou composto. Porém, segundo o caso (b), quando $\mathbf{V_r}$ não é divisível por **n**, temos a certeza que **n** é composto.

Assim sendo, se o valor de qualquer célula da linha não for divisível por **n**, temos certeza que o número é composto[15].

Ou, como mais tradicionalmente se faz, se todos os valores forem divisíveis por **n**, então o número é primo.

Verificando a primalidade

Para garantir a primalidade de um número **n** qualquer, é preciso que não haja nenhuma célula da linha **n** indicando que o

[15] Exceto a primeira e a última células, com valor 1.

número é composto. Nenhuma pode ter resultado decimal quando divididas por **n**. Ou, o que é o mesmo, todos os valores têm que ser divisíveis por **n** para que **n** seja primo.

Exemplo com os números 10, composto, e 11, primo, assinaladas as células nas quais o valor é divisível por **n**, número da linha:

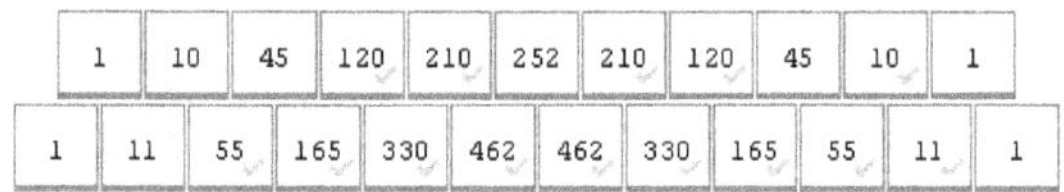

Como 45 não é divisível por 10, temos a certeza que 10 é composto. E todas as células da linha 11 são divisíveis por 11, confirmando que 11 não possui divisores.

Esse teste de primalidade é extremamente trabalhoso do ponto de vista computacional, pois envolve calcular o valor de incontáveis células da linha e executar uma quantidade enorme de divisões, além de trabalhar com números com milhares ou milhões de algarismos. Não é um teste de primalidade viável.

Contudo, é um teste de primalidade determinístico: o resultado é preciso e o teste não falha por causa de pseudoprimos.

Nova propriedade do Triângulo de Pascal

O caso (b) de divisibilidade revela uma propriedade do Triângulo de Pascal que consiste no seguinte:

O valor de todas as células da linha anterior à de um número primo são divisíveis por 1, 2, 3, ...n-1, respectivamente, exceto a última, com valor 1.

Por exemplo, os valores das células da linha 10, que antecede a do primo 11, são divisíveis por 1, 2, 3, etc.

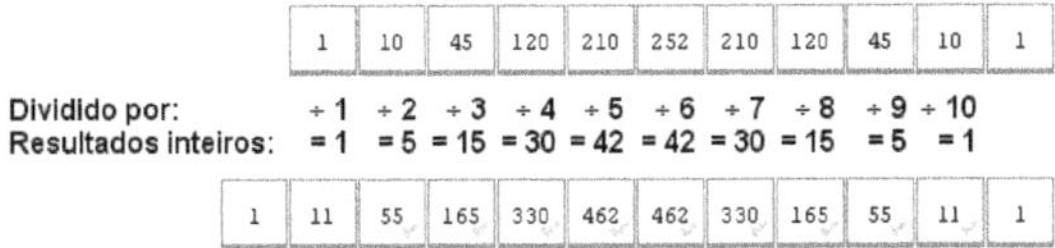

Isso acontece porque os valores $\mathbf{V_r}$ das células das linhas dos números primos são divisíveis por **n** e de acordo o caso (b), obrigatoriamente, **r** divide ao valor da célula $\mathbf{C_{r-1}}$ antecedente.

8. Teste de primalidade com Fibonacci

Muitos testes de primalidade baseiam-se, direta ou indiretamente, no Triângulo de Pascal. A sequência de Fibonacci, também relacionada ao Triângulo tem sido fonte de pesquisa na procura de um teste de primalidade eficiente.

Neste capítulo veremos dois testes baseados na sequência de Fibonacci, com um número baixo de apontamentos incorretos de números compostos como primos.

Junto com o primeiro teste, apresentamos superficialmente como testes desse tipo são criados, para que o leitor possa ter uma ideia geral do processo.

Em seguida, apresentamos um teste, similar, um pouco mais eficiente.

O que é a sequência de Fibonacci

Na idade média, no século 12, Leonardo de Pisa, conhecido hoje com Fibonacci, estudou e divulgou uma sequência de números que recebe seu nome:

0, 1, 1, 2, 3, 5, 8, 13, 21, 34, 55, 89, 144, 233, 377, 610, 987, 1597, 2584, 4181, 6765, 10946, 17711, 28657, 46368 etc.

É uma das sequências mais antigas conhecidas pelos homens. Consiste em uma sucessão de números inteiros, iniciados em 0 e 1 e cujo elemento seguinte é a soma dos dois números anteriores:

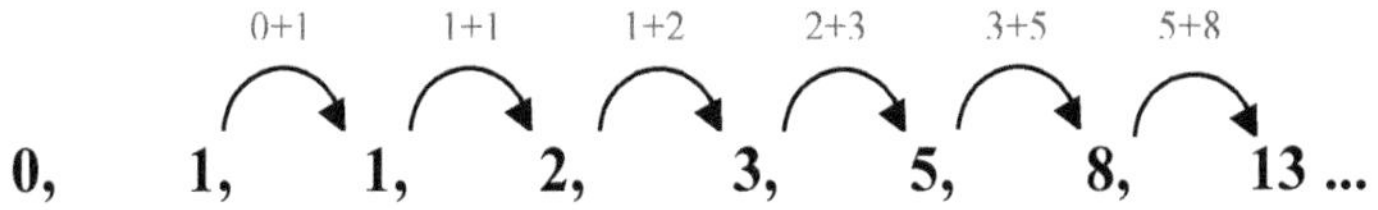

Todos os números correspondem à soma de células diagonais do Triângulo de Pascal:

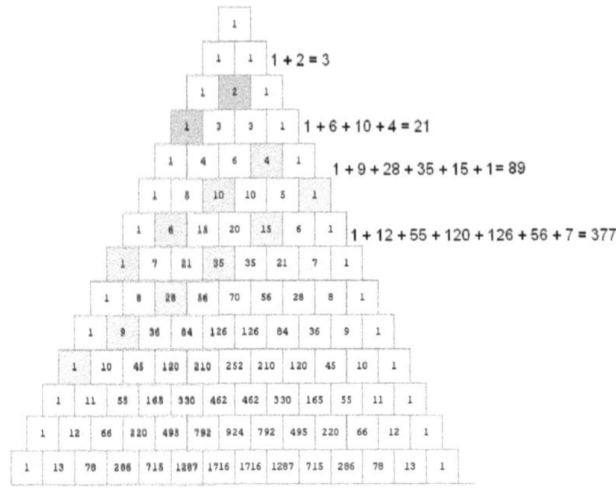

Teste de primalidade

Os testes de primalidade são baseados em padrões (características matemáticas) que os números primos têm e que, por meio de algoritmos ou equações, permitem diferenciá-los de números compostos.

A qualidade de um teste de primalidade baseia-se em dois fatores principais:

- a eficácia para separar primos de compostos, levando em conta que, via de regra, os testes cometem falhas e indicam números compostos como primos.

  Testes baseados no Triângulo de Pascal, como o teste com os números de Fibonacci que vamos descrever a seguir, indicam erroneamente alguns número como primos, chamados de pseudoprimos.

Relembramos que os pseudoprimos não são números diferentes, mas sim, números que satisfazem os algoritmos e equações dos testes, sem ser primos.

- a eficiência para a execução das rotinas de avaliação. Isso, em geral, é conseguido diminuindo-se a quantidade de operações (multiplicações, cálculo de raízes etc.) necessárias e evitando trabalhar com números muito grandes (com um número elevado de algarismos).

Teste de primalidade – alternativa 1

A solução mais evidente para se criar um teste de primalidade baseado nas propriedades dos números de Fibonacci é, por exemplo, dividir os números de Fibonacci por seu correspondente número-índice e avaliar o resto da divisão. Se o resto for 1 ou **n**–1, então o número seria primo, conforme a tabela:

n	Fn	Fn mod n	Caso
	0		
1	1	0	= n-1
2	1	1	= n-1
3	2	2	= n-1
4	3	3	= n - 1 ??
5	5	0	??
6	8	2	
7	13	6	= n-1
8	21	5	
9	34	7	
10	55	5	
11	89	1	= 1
12	144	0	
13	233	12	= n-1
14	377	13	= n - 1 ??
15	610	10	
16	987	11	
17	1597	16	= n-1
18	2584	10	

n	Fn	Fn mod n	Caso
19	4181	1	= 1
20	6765	5	
21	10946	5	
22	17711	1	= 1 ??
23	28657	22	= n-1
24	46368	0	
25	75025	0	
26	121393	25	= n - 1 ??
27	196418	20	
28	317811	11	
29	514229	1	= 1
30	832040	20	
31	1346269	1	= 1
32	2178309	5	
33	3524578	13	
34	5702887	33	= n - 1 ??
35	9227465	30	
36	14930352	0	
37	24157817	36	= n-1

O teste, realizado dessa foram, apresenta resultados corretos para os números primos, indicados em cor clara: o primos 7 tem F_7 mod 7 igual a 6, e o primo 11 tem F_{11} mod 11 igual a 1. Sempre restos 1 e **n**–1.

Mas, por outro lado, a quantidade de números compostos, em cor escura, pares ou ímpares que resultam em restos 1 e **n**–1 tornam esse teste completamente inútil.

É preciso aprimorá-lo.

Números pares, além do 2, não são primos, portanto nosso teste pode simplesmente evitar analisar esses números e recusá-los como primos.

O número 5 não cumpre o critério 1 e **n**–1, entretanto, podemos considerar o fato de não identificá-lo como primo, uma característica do teste.

Com essas mudanças, melhoramos muito o resultado, contudo, ainda surgem pseudoprimos. Para números até 60.000, os seguintes 26 números: 323, 2737, 4181, 5777, 6479, 6721, 7743, 10877, 11663, 13201, 15251, 17261, 18407, 19043, 23407, 27071, 34561, 34943, 35207, 39203, 44099, 47519, 51841, 51983, 53663, 54839 que são, erroneamente, identificados como primos.

Se acrescentarmos, ainda, uma outra propriedade, ou requisito, podemos reduzir essa lista para apenas 9 números[16]:

2737, 4181, 5777, 6721, 10877, 13201, 15251, 34561, 51841

Assim, o critério para o teste de primalidade proposto, incluindo essa nova propriedade, é:

---

[16] Apenas para comparação, o teste de primalidade baseado no Pequeno Teorema de Fermat apresenta 58 pseudoprimos, até 60000

$$F_n \bmod n = 1 \quad E \quad F_{n-1} \bmod n = 0$$

OU

$$F_n \bmod n = n - 1 \quad E \quad F_{n-1} \bmod n = 1$$

Além de não avaliar corretamente o número 5.

Escrito em pseudocódigo, temos:

```
// Fp é o número de Fibonacci correspondente a p
Primalidade_Fibonacci(p)
  se p = 1 ou p = 5, return PRIME
  se Fp mod p = 1      E     Fp-1 mod p = 0
  ou Fp mod p = n-1    E     Fp-1 mod p = 1
      return PRIME
  else
      return COMPOSITE
```

O programa Prog10 no Apêndice 4 exemplifica esse teste.

Outros testes de primalidade

Muitos outros testes, como esse são possíveis, com resultados melhores ou piores em termos de eficiência ou de eficácia, e que apontam mais ou menos números compostos como números primos, os pseudoprimos.

Convidamos o leitor a investir um tempo estudando os números de Fibonacci e buscar criar outras opção. É um exercício interessante e, eventualmente, pode trazer um resultado surpreendente.

9. Por que a Equação de Fermat funciona?

Como vimos anteriormente, esta é a Equação de Fermat:

$$\mathbf{k} = \frac{\mathbf{a^{n-1} - 1}}{\mathbf{n}}$$

sendo **k** um número inteiro, para **n** primo

Com a notação de aritmética modular, equivale a

$\mathbf{a^{n-1} - 1 \equiv 0 \pmod{n}}$

A Equação de Fermat para identificar se o número **n** é primo, é muito útil por dois motivos principais:

1. certifica que o número não possui divisores; e
2. utiliza um procedimento simples que se baseia no cálculo de uma potência, operação realizada com eficiência pelos computadores, especialmente se a base **a** for 2.

Na explanação a seguir, usaremos o número 2 como a base **a** da Equação de Fermat.

Sejam $\mathbf{V_1}$, $\mathbf{V_2}$, $\mathbf{V_3}$, $\mathbf{V_4}$ ...$\mathbf{V_{n-1}}$ os valores das células 1, 2, 3, 4 ... **n**-1 da linha **n** do Triângulo de Pascal:

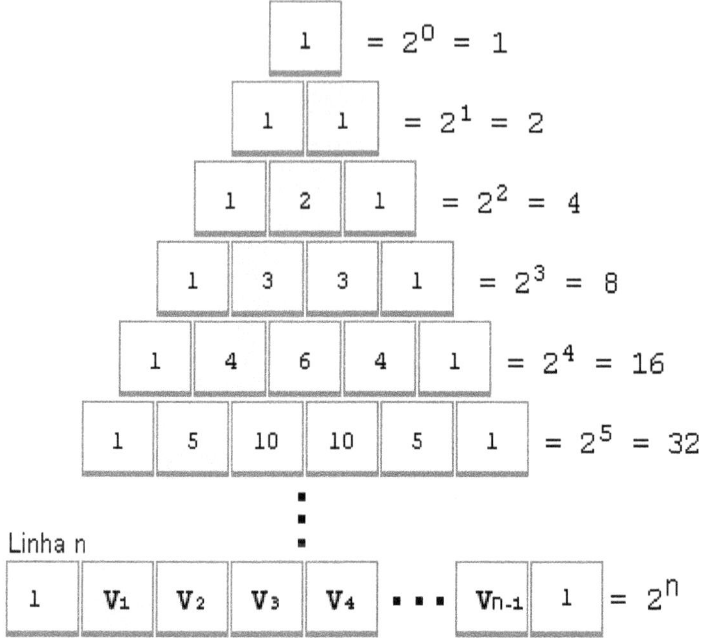

A soma dos valores das células da linha **n** totaliza 2^n:

$$1 + V_1 + V_2 + V_3 + V_4 + ... + V_{n-1} + 1 = 2^n$$

Que é o mesmo que:

$$V_1 + V_2 + V_3 + V_4 + ... + V_{n-1} = 2^n - 2 \quad (4)$$

Se algum dos valores, de V_1 a V_{n-1}, não for divisível por **n**, então, este número é composto.

Em outras palavras, todos os valores V_1, V_2, V_3 ...V_{n-1} devem ser divisíveis por **n**, para que ele seja considerado um número primo.

E, se **n** for primo, então V_1, V_2, V_3 ...V_{n-1} são múltiplos de **n** e podemos substituí-los na equação (4) pelos produtos:

$V_1 = n \cdot a$

$V_2 = n \cdot b$

$V_3 = n \cdot c$

...

$V_{n-1} = n \cdot z$

com **a**, **b**, **c** ... **z** sendo números inteiros.

O resultado obtido é:

$n \cdot a + n \cdot b + n \cdot c + ... + n \cdot z = 2^n - 2$

Colocando o **n** em evidência:

$n \cdot (a + b + c + ... + z) = 2^n - 2$

Substituindo **(a + b + c + ... + z)** por **k'**:

$n \cdot k' = 2^n - 2$

Rearrumando:

$k' = \frac{2^n - 2}{n}$ sendo **k'** um número inteiro.

Visto de outra forma, isso significa que a soma $V_1 + V_2 + V_3 + V_4 + ... + V_{n-1}$ é divisível por **n**, se for primo.

Se o número **n** for composto, temos que, pelo menos, um dos valores das células (V_1, V_2 ...) não será múltiplo de **n** e ele não poderá ser colocado em evidência. Desse modo, **k'** terá um valor decimal.

Se o cálculo do **k'** resultar em um inteiro, então nenhum divisor dele está presente e, portanto, **n** é indicado como um número primo.

Uma vez que as linhas do Triângulo são simétricas, basta garantir que uma das metades tenha todos os valores de células divisíveis por **n**.

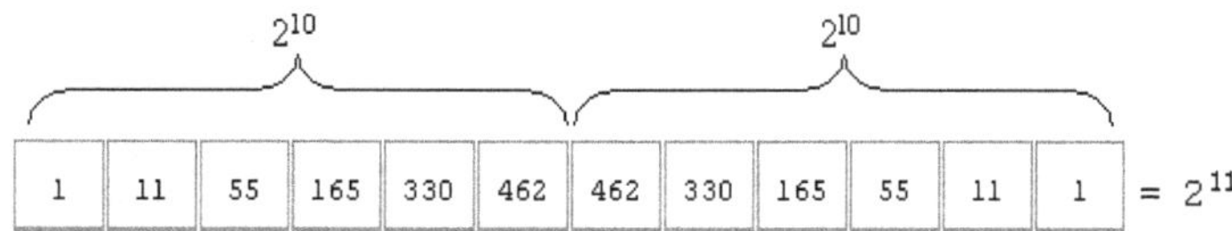

Ou seja, é possível dividir os dois lados da equação por 2 e substituir **k'/2** por **k**:

$$\mathbf{k} = \frac{\mathbf{2^{n-1} - 1}}{\mathbf{n}}$$

sendo **k** um número inteiro, para **n** primo,

que é a Equação de Fermat.

O total da fórmula $\mathbf{2^{n-1} - 1}$ corresponde à metade da soma da linha **n** do Triângulo de Pascal, mas também coincide com a soma dos valores da linha **n–1**. Esta é a referência básica usada quando a Equação é aplicada.

Para confirmar que o número 7 é primo, avaliamos a soma das células da linha 6 do Triângulo:

$$\mathbf{k} = \frac{\mathbf{2^{6} - 1}}{7}$$

sendo **k** igual a 9, inteiro.

Outras dimensões

Na explanação acima, o número 2 foi usado como a base **a** da Equação de Fermat.

Outras bases têm resultado similar e se referenciam em figuras geométricas multidimensionais. Por exemplo, na base 3, o poliedro correspondente é a Pirâmide de Pascal [16]:

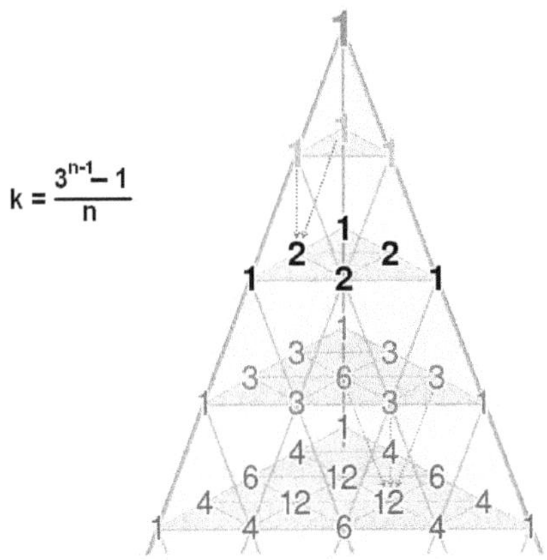

Pseudoprimos

Existem números compostos que satisfazem a Equação de Fermat e resultam em um **k** inteiro. Esses números são conhecidos como Pseudoprimos de Fermat ou, resumidamente, pseudoprimos.

Conforme vimos anteriormente, quando a soma dos valores das células ($V_1 + V_2 + V_3 + ... + V_{n-1}$) é um múltiplo de **n**, o número é indicado como primo.

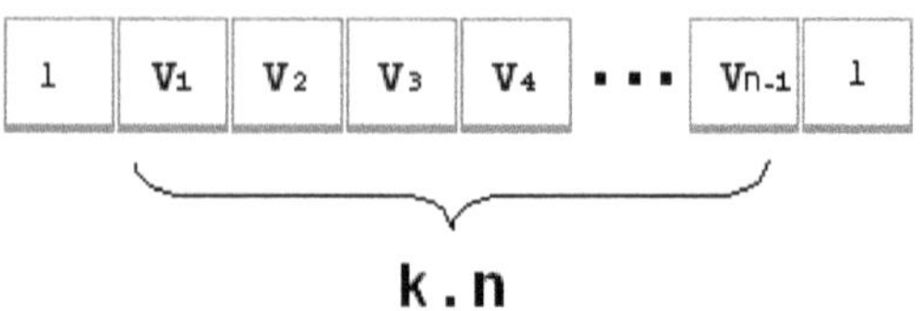

Mais corretamente, um número é primo somente quando todos os valores $\mathbf{V_1}$, $\mathbf{V_2}$, $\mathbf{V_3}$ ... $\mathbf{V_{n-1}}$, separadamente, são múltiplos de **n**. Separadamente!

Em alguns casos, mais de um valor $\mathbf{V_r}$ não é múltiplo de **n**, mas há uma compensação e o total da soma é múltiplo de **n**. Esses números são identificados, erroneamente, como primos; são pseudoprimos.

O pseudoprimo 341, descoberto por Sarrus em 1820 é um exemplo clássico de Pseudoprimo de Fermat e podemos usá-lo para demonstrar essa propriedade indesejada do Teorema.

Na figura a seguir, vemos que há algumas células cujos valores não são múltiplos de 341. Têm resto diferente de zero quando são divididas por 341. Os valores 31 e 124 são restos da divisão das células 11 e 22 por 341, respectivamente.

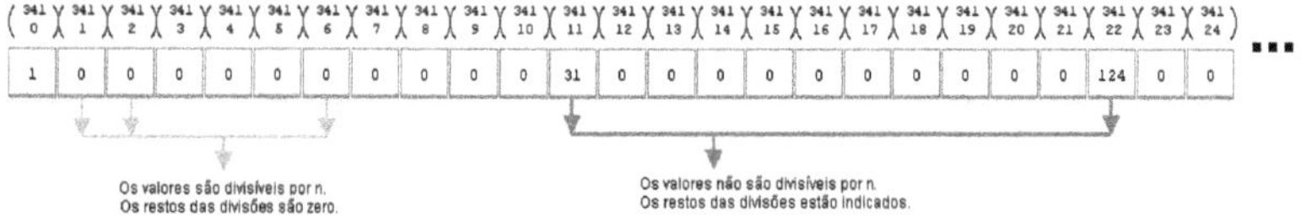

Em toda a linha 341, há um total de 40 células não divisíveis por 341, conforme a tabela a seguir. Contudo, a soma dos restos é 4774, que é um múltiplo de 341 e portanto, a soma final[17] é divisível por 341 e o número é indicado, indevidamente, como primo.

Célula	Resto da divisão por 341*
11	31
22	124
31	11
33	62
44	93
55	93
62	55
66	62
77	124
88	31
93	165
99	155
121	310
124	330
132	62
143	248
154	124
155	121
165	186

Célula	Resto da divisão por 341*
176	186
186	121
187	124
198	248
209	62
217	330
220	310
242	155
248	165
253	31
264	124
275	62
279	55
286	93
297	93
308	62
310	11
319	124
330	31

*Os valores se repetem, pois a linha é simétrica.

[17] Excluindo os números 1 inicial e final.

10. Primos de Mersenne

Historicamente, os matemáticos sempre desejaram entender a distribuição dos números primos e encontrar uma forma para calculá-los. Por motivos como esses, surgiram as fórmulas que permitiam encontrar alguns primos, como as que vimos no Capítulo 3 sobre Conhecimentos Tradicionais.

Marin Mersenne (1588–1648) foi um matemático francês que estabeleceu o que se conhece hoje como Números Primos de Mersenne [17]. Ele percebeu que alguns dos números gerados a partir da equação $\mathbf{M_p = 2^p - 1}$ seriam primos e conjecturou que haveria muitos com essa característica. Em sua homenagem, os números $\mathbf{M_p}$ passaram a ser chamados de Números Primos de Mersenne, quando ambos, **p** e $\mathbf{M_p}$ são primos.

Os primeiros Primos estão na tabela a seguir:

p	$M_p = 2^p-1$
2	3
3	7
5	31
7	127
13	8191
17	131071
19	524287
31	2147483647

O número-índice p = 11 não aparece na tabela pois o número gerado pela equação é 2047, que é produto de 23 e 89, composto.

Vemos na tabela acima que a quantidade de algarismos de $\mathbf{M_p}$ cresce muito rapidamente e alcança milhões de algarismos.

Os Primos de Mersenne são os primos que se encontram imediatamente antes de uma potência de 2. Na figura a seguir, as potências de 2 estão marcadas em cor escura e, logo acima delas, os Primos de Mersenne.

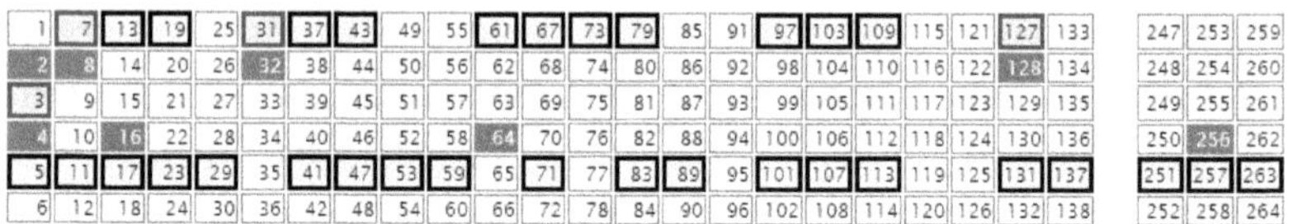

Devemos ressaltar que a suposição feita por Mersenne parecia promissora para números pequenos. Contudo, como na época havia muita dificuldade na avaliação da primalidade de números grandes, não se percebia que essa coincidência era bastante rara. Foi somente com o desenvolvimento da tecnologia, e dos computadores em particular, que se provou a raridade de um número primo ser sucedido por uma potência de 2.

Um prêmio pelo maior número primo

A fundação EFF (Electronic Frontier Foundation) [18] criou um prêmio destinado à descoberta dos maiores números primos.

É uma fundação que se dedica a promover as liberdades civis na Internet e garantir que a tecnologia apoie a liberdade, a justiça e a inovação para todas as pessoas.

Para concorrer a esse prêmio, foi criado um grupo colaborativo chamado GIMPS (Great Internet Mersenne Prime Search, ou, em tradução livre: grande pesquisa na Internet de primos de Mersenne). O grupo já ganhou o prêmio 17 vezes. Na última em 2018, encontrou o maior até hoje, um Primo de Mersenne com a surpreendente quantidade de 24.862.048 algarismos! [19]. Talvez se, ao longo dos anos tivessem procurado primos com as fórmulas das variações que veremos a seguir, teriam encontrado maior quantidade de números primos.

O programa usado por esse grupo para localizar grandes números primos utilizava o teste de primalidade de Lucas-Lehmer e, mais recentemente, trocou-o pelo teste de Fermat. Ambos abordados neste livro, em capítulos mais à frente.

É interessante destacar que o GIMPS, que tem mais de 250.000 usuários, enfatiza o aperfeiçoamento de programas de computados para torná-los mais eficientes na procura. Não é sua ênfase, o desenvolvimento de novos métodos matemáticos para determinação de números primos.

Variações

A tabela a seguir possui uma comparação entre a fórmula de Mersenne ($2^n - 1$) e duas variações, com $2^n + 9$ e 2^n+15, propostas pelo autor. Somente os números primos calculados são mostrados; os número compostos são indicados com traço.

n	2^n	$M = 2^n - 1$ (Mersenne)	$M = 2^n + 9$	$M = 2^n + 15$
0	1	–	–	–
1	2	–	11	17
2	4	3	13	19
3	8	7	17	3
4	16	–	–	31
5	32	31	41	47
6	64	–	73	79
7	128	127	137	–
8	256	–	–	271
9	512	–	521	–
10	1024	–	1033	1039

O leitor pode localizar parte desses números na figura da seção anterior, com as potências marcadas em cor escura.

Na mesma figura, fica claro também que, se **n** for par maior que 2, é impossível ser precedido por um primo (2^4=16, 2^6=64, etc.), pois estão na linha 4 e os anteriores são múltiplos de 3. Por outro lado, alguns **n** pares são sucedidos por primos.

É perceptível que as duas variações têm sucesso maior que a fórmula de Mersenne, pelo menos até $2^{10}-1$. Isso sugere não haver relação entre as potências de 2 e os primos, como foi presumido por ele.

A grande vantagem da fórmula de Mersenne sobre as duas variações é que foi criada uma forma eficiente para se confirmar a primalidade dos números M_p gerados. Para tanto, tem sido usado o Teste de Lucas–Lehmer sobre o qual discutiremos em capítulo mais à frente.

Com base no exposto anteriormente, e verificando que os Primos de Mersenne maiores que 3 têm **M_p módulo 6 = 1**, então, todos os Primos encontrados pertencem à Família do número 1. Notamos isso na figura repetida, a seguir.

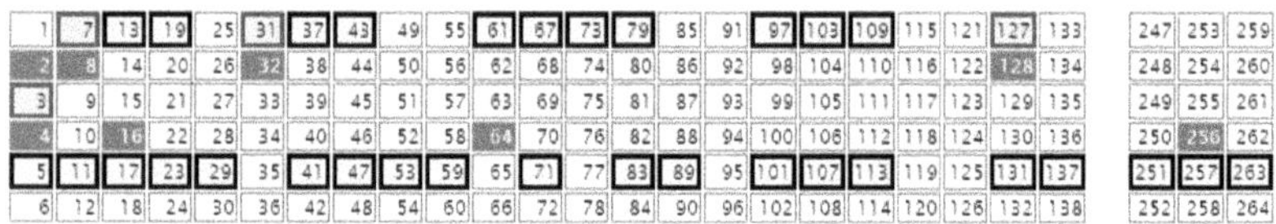

1	7	13	19	25	31	37	43	49	55	61	67	73	79	85	91	97	103	109	115	121	127	133	247	253	259
2	8	14	20	26	32	38	44	50	56	62	68	74	80	86	92	98	104	110	116	122	128	134	248	254	260
3	9	15	21	27	33	39	45	51	57	63	69	75	81	87	93	99	105	111	117	123	129	135	249	255	261
4	10	16	22	28	34	40	46	52	58	64	70	76	82	88	94	100	106	112	118	124	130	136	250	256	262
5	11	17	23	29	35	41	47	53	59	65	71	77	83	89	95	101	107	113	119	125	131	137	251	257	263
6	12	18	24	30	36	42	48	54	60	66	72	78	84	90	96	102	108	114	120	126	132	138	252	258	264

Ao analisar a distribuição dos Primos de Mersenne, notamos que, para contemplar também números Primos da Família do número 7, bastaria somar 3 à potência de 2. Essa variação será explorada mais à frente, no capítulo sobre o teste de Lucas-Lehmer.

As duas variações propostas por nós servem para discutir a distribuição dos primos e sua relação com os Primos de Mersenne, mas, lembrando que avaliar a primalidade de números da Família do 7 é mais complexa que o Teste de Lucas-Lehmer, que avalia a primalidade de números da Família do 1.

11. Teste de Primalidade Heroniano

Neste capítulo vamos apresentar um teste de primalidade que batizamos como Heroniano, pois é formado a partir de números que coincidem com o comprimento de lados dos triângulos Super-heronianos, estudados em geometria.

A compreensão desse Teste é essencial para o entendimento da explicação sobre o Teste de Primalidade de Lucas-Lehmer apresentado no próximo capítulo.

Inicialmente, vamos descrever conceitos ligados aos triângulos de Heron, uma vez que ele batiza nosso Teste.

Sobre o triângulo heroniano

Os triângulos cujos lados são número inteiros, mas que também têm sua área total como um número inteiro, são chamados de triângulos heronianos. Por exemplo, o triângulo com lados 5, 5 e 6, que tem área inteira igual a 12:

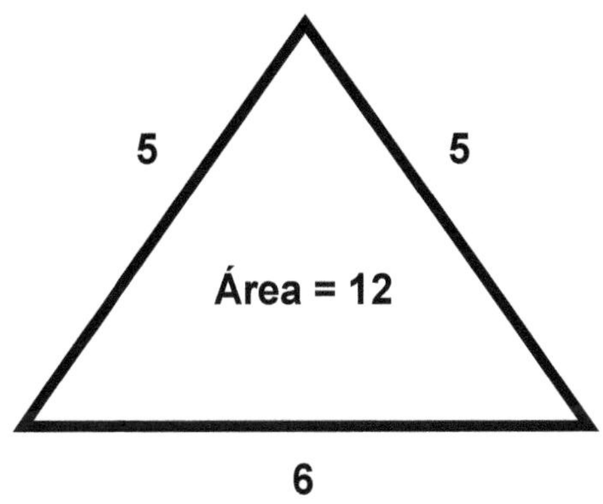

Heron de Alexandria, um estudioso e geômetra que esteve ativo em cerca de 62 d.C. é famoso por ter criado uma fórmula que permite calcular a área de um triângulo sabendo-se o comprimento de seus lados. Em sua homenagem, triângulos com lados inteiros e área inteira recebem o nome de Triângulos de Heron ou Triângulos Heronianos.

Triângulo super-heroniano

É esse o nome que damos para triângulos de área inteira cujos três lados são números inteiros consecutivos (n, n+1, n+2).

A tabela a seguir lista os primeiros triângulos super-heronianos, ordenados pelo comprimento do lado **a**:

O mais conhecido triângulo de Pitágoras, com os lados 3, 4 e 5, é um exemplo de triângulo super-heroniano. Ele tem área inteira 6.

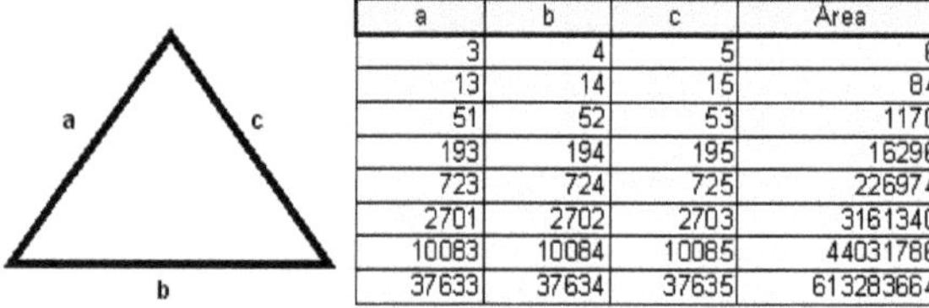

a	b	c	Área
3	4	5	6
13	14	15	84
51	52	53	1170
193	194	195	16296
723	724	725	226974
2701	2702	2703	3161340
10083	10084	10085	44031786
37633	37634	37635	613283664

Na tabela acima, a sequência dos valores do lado intermediário **b** é obtida quando multiplicamos o valor anterior de **b** por 4 e subtraímos o valor antecedente. Por exemplo, 194 = 52 . 4 – 14. Ou seja,

$$b_i = 4 \, . \, b_{i-1} - b_{i-2} \qquad (1)$$

gerando a lista:

n	1	2	3	4	5	6	7	8	9	10
Bn	4	14	52	194	724	2702	10084	37634	140452	524174

que chamaremos de Sequência B.

Propriedades da Sequência B

A Sequência B[18], que tem os mesmos valores dos lados dos triângulos super-heronianos, possui propriedades importantes para a compreensão do Teste Heroniano, apresentado a seguir, e do Teste de Lucas-Lehmer que veremos mais à frente.

Propriedade 1

O valor de B_{2n} pode ser calculado pela equação:

$B_{2n} = B_n \,.\, B_n - 2$

Exemplos,

$B_6 = 2702 = B_3 \,.\, B_3 - 2 = 52 \,.\, 52 - 2$

$B_{10} = 524174 = B_5 \,.\, B_5 - 2 = 724 \,.\, 724 - 2$

Propriedade 2

A propriedade anterior é um caso especial desta propriedade: qualquer número B_n pode ser calculados a partir da seguinte fórmula geral:

$B_{x+y} = B_x \,.\, B_y - B_{y-x}$ com $y >= x$

Por exemplo, com $x = 3$ e $y = 7$ temos

$B_{10} = B_{3+7} = B_3 \,.\, B_7 - B_4$

$524174 = 52 \,.\, 10084 - 194$

Propriedade 3

[18] Ver OEIS A003500

Uma propriedade essencial da Sequência B é que, seus valores menos 4, quando divididos por números primos, resultam em resto igual a zero. Por exemplo, 11 divide $B_{11} - 4$, sem resto, pois 11 é primo (1956240/11 = 177840).

Em notação de aritmética modular:

n	Série B - 4	Resto	E primo?
1	0	0	Sim
2	10	0	Sim
3	48	0	Sim
4	190	2	
5	720	0	Sim
6	2698	4	
7	10080	0	Sim
8	37630	6	
9	140448	3	
10	524170	0	??
11	1956240	0	Sim
12	7300798	10	
13	27246960	0	Sim
14	101687050	10	
15	379501248	3	
16	1416317950	14	
17	5285770560	4	Sim

$B_n - 4 \equiv 0 \pmod{n}$ para **n** primo.

Esse resultado é sempre verdade, exceto por algumas exceções, como podemos perceber na tabela acima pelo resto zero do cálculo para o número 10, indicando que seria primo.

Além dele, outros números, como 209, 230, 231 etc.[19] apresentam esse resultado indevido. Na linguagem matemática tradicional, esses falsos positivos são chamados de pseudoprimos. Eles se devem às limitações e características matemáticas da fórmula e da sequência empregada.

[19] Ver OEIS A335673

A demonstração dessa propriedade, essencial para o funcionamento do Teste Heroniano, está no Apêndice 1.

Propriedade 4

Além de $B_n - 4$ resultar em resto zero quando dividido por um número primo **n**, ou $B_{n-2} - 4$ ou $B_{n+2} - 4$ também têm resto zero quando divididos por **n**.

Na figura a seguir, vemos os restos da divisão de B_n por **n**. Por exemplo, B_7 dividido por 7 tem resto 4.

				n		n+2					
	4	5	6	7	8	9	10	11	12	13	14
	194	724	2702	10084	37634	140452	524174	1956244	7300802	27246964	101687054
Restos da divisão por 7:	5	3	0	4	2	4	0	3	5	3	0
				Bn		Bn+2					

						n-2		n			
	4	5	6	7	8	9	10	11	12	13	14
	194	724	2702	10084	37634	140452	524174	1956244	7300802	27246964	101687054
Restos da divisão por 11:	7	9	7	8	3	4	2	4	3	8	7
						Bn-2		Bn			

Em consequência, o valor de $B_7 - 4$ é divisível por 7, pois é primo. E $B_9 - 4$ (sendo 9 = 7+2) também é divisível. No outro caso, o valor de $B_{11} - 4$ é divisível por 11, mas também $B_9 - 4$, sendo 9 =11–2. A divisão por 11 é exata e tem resto zero:

$$(140452 - 4) / 11 = 12768$$

Se módulo 12 do primo **n** for igual a 1 ou 11, então o número **n** divide $B_n - 4$ e também $B_{n-2} - 4$ (números que coincidem com a Sequência OEIS A072330, por exemplo, 11, 13, 23, 37, exceto pelos pseudoprimos). No demais casos, **n** divide $B_n - 4$ e $B_{n+2} - 4$, por exemplo, 7, 17, 19 etc.

Propriedade 5

Para números primos, temos que, ou $B_{n-1} - 2$ ou $B_{n+1} - 2$ tem resto zero se dividido por **n**.

				n	n+1						
	4	5	6	7	8	9	10	11	12	13	14
	194	724	2702	10084	37634	140452	524174	1956244	7300802	27246964	101687054
Restos da divisão por 7:	5	3	0	4	2	4	0	3	5	3	0
				B_n	B_{n+1}						

							n-1	n			
	4	5	6	7	8	9	10	11	12	13	14
	194	724	2702	10084	37634	140452	524174	1956244	7300802	27246964	101687054
Restos da divisão por 11:	7	9	7	8	3	4	2	4	3	8	7
							B_{n-1}	B_n			

Essa propriedade é uma consequência direta da propriedade anterior. Se **n** dividir $B_n - 4$ e $B_{n-2} - 4$, então **n** divide $B_{n-1} - 2$. É o caso dos primos que têm módulo 12 igual a 1 ou 11.

Os demais primos dividem $B_n - 4$ e $B_{n+2} - 4$ e em consequência, dividem $B_{n+1} - 2$, dentre eles, os primos de Mersenne.

A demonstração dessa propriedade está no Apêndice 2.

Teste de primalidade

O núcleo do Teste de Primalidade Heroniano proposto neste livro é calcular o valor correspondente a $B_n - 4$ e dividi-lo por **n**. Se o resto encontrado for zero, o teste indica que o número é primo.

Se avaliarmos com o Teste todos os números menores que 40.000 identificaremos um total de 4.201 números primos e 86 pseudoprimos. Completando com as otimizações propostas mais à frente, reduzimos a quantidade de pseudoprimos não detectados.

O algoritmo núcleo do Teste se escreve assim:

$B_n = 4 \cdot B_{n-1} - B_{n-2}$ com $B_0 = 2$ e $B_1 = 4$.

$B_n \equiv 4 \pmod{n}$ se n for primo.

E, escrito em pseudocódigo:

```
Primalidade_Heroniana(num)
   // calcular Bn
   // Os anteriores (n-1) e (n-2) são Bn_1 e Bn_2
   Bn_2 = 2n
   Bn_1 = 4n
   repeat num times
       Bn = 4 * Bn_1 - Bn_2
       Bn_2 = Bn_1
       Bn_1 = Bn

   // avaliar a primalidade de num
   if (Bn - 4) mod num = 0
       return PRIME
   else
       return COMPOSITE
```

Otimizações do teste de primalidade

Otimizações de testes de primalidade se dividem em dois grupos:

- otimizações para melhorar a performance do programa e reduzir a quantidade de operações realizadas; e
- otimizações para reduzir a quantidade de falsos positivos, ou seja, números indicados como primos sem ser, os pseudoprimos.

As variações a seguir fazem otimização de performance e, em alguns casos, reduzem a quantidade de pseudoprimos.

a) Uso de módulo

Para melhorar a eficiência do cálculo realizado pelo computador, fazemos o cálculo do módulo em cada passo da repetição. Isso evita que os valores intermediários tornem-se demasiadamente grandes.

O pseudocódigo do Teste fica assim:

```
Primalidade_Heroniana(num)
  // calcular Bn
  // Os anteriores (n-1) e (n-2) são Bn_1 e Bn_2
  Bn_2 = 2n
  Bn_1 = 4n
  repeat p - 1 times
     Bn = 4 * Bn_1 - Bn_2 (mod num)
     Bn_2 = Bn_1
     Bn_1 = Bn

  // avaliar a primalidade de num
  if Bn - 4 = 0
     return PRIME
  else
     return COMPOSITE
```

Em cada repetição o módulo é calculado para evitar que haja crescimento exponencial de algarismos no valor de B_n.

O programa Prog11 no Apêndice 4, com um artifício para a aplicação do módulo, ilustra esse pseudocódigo.

b) Reduzir a quantidade de repetições

O cálculo principal do teste é repetido **n** vezes para o cálculo do valor de B_n.

É possível, contudo, avaliarmos **n** com valores de B_n referentes a (n+1)/2 ou a (n+1)/4. Isso aplica-se para **n** ímpares.

b.1) Avaliação de n com o valor de $B_{(n+1)/2}$

No lugar de avaliarmos se o resto da divisão de **Bn** por **n** é 4, podemos calcular o resto da divisão de $\mathbf{B_{(n+1)/2}}$ por **n**. Visto que **n** é ímpar, o cálculo da metade é feito sobre **n+1**. Para avaliarmos o 31, em vez de calcularmos B_{31}, calculamos B_{16} e analisamos o resto da divisão por **n**. E para o 17, avaliamos o resto de B_9 dividido por **n**.

A tabela a seguir, referenciada nos módulos 8 e 12 do número a ser avaliado, indica qual é o resto esperado na divisão de $\mathbf{B_{(n+1)/2}}$ por **n**, se ele for um número primos

Grupo	n módulo 8	n módulo 12	resto de B(n+1)/2 por n
a	1	1	4
b	7	11	4
c	1	5	n – 2
d	7	7	n – 2
e	3	7	2
f	5	5	2
g	3	11	n – 4
h	5	1	n – 4

Se o número **n** não tiver algum dos restos indicados na tabela, então, é composto.

Se o resto for o indicado na tabela, então o número é primo, pois certamente a divisão de $\mathbf{B_n - 4}$ por **n** resultaria em resto zero.

No Apêndice 4, o programa Prog12 demonstra essa otimização.

b.2) Avaliação de n com o valor de $B_{(n-1)/4}$ ou $B_{(n+1)/4}$

Uma otimização ainda mais eficiente baseia-se nos restos da divisão de $\mathbf{B_{(n+1)/2}}$ por **n**.

Aqui também não podemos calcular um quarto de **n** por ser ímpar. Assim, calculamos sobre o anterior ou o posterior. Um deles é, obrigatoriamente, múltiplo de 4.

Se o módulo 4 de **n** for 3, então o cálculo é feito com base em $B_{(n+1)/4}$. Se o módulo 4 de **n** for 1, então é feito sobre $B_{(n-1)/2}$. Caso o módulo seja 0 ou 2, então o número **n** é par e, portanto, composto.

Por exemplo, em vez de verificarmos o resto de $B_{31} - 4$ por **n**, verificamos o resto de B_8. E, em vez de verificarmos o resto de $B_{17} - 4$ por **n**, verificamos o resto de B_4. Isso economiza muitas repetições e cálculos.

Os restos gerados por números primos para **n (mod 4) = 3** seguem a tabela:

Grupo	n mód 8	n mód 12	resto de B(n+1)/4 por n
a	3	7	resto = 2 ou resto = n – 2
b	7	7	resto = 0
c	3	11	$resto^2$ (mod n) = n –2
d	7	11	$resto^2$ (mod n) = 6

Os restos para **n (mod 4) = 1** seguem a tabela:

Grupo	n mód 8	n mód 12	resto de B(n–1)/4 por n
e	1	1	resto = 2 ou resto = n – 2
f	5	1	resto = 0
g	1	5	$resto^2$ (mod n) = n –2
h	5	5	$resto^2$ (mod n) = 6

No caso (d), ainda é necessário verificar se o número **n** é um quadrado perfeito, ou seja, composto. Somente números pertencentes à Família do 1 precisam de verificação, pois, números da Família do 5 nunca são quadrados..

A vantagem dessa otimização é reduzir as repetições necessárias para obter o valor de B_n.

No Apêndice 4, há um programa demonstrando essa otimização. (Prog13).

b.3) Calcular o valor de B_n espaçadamente

Conforme vimos nas propriedades 1 e 2, o valor de qualquer B_n pode ser calculado pelas equações

$B_{2n} = B_n \,.\, B_n - 2$ e $B_{x+y} = B_x \,.\, B_y - B_{y-x}$

Assim, para calcular, digamos B_{17}, que requereria 17 repetições, podemos usar o artifício de calcular apenas alguns B_n menores.

Sabendo inicialmente os valores de B_1, B_2 e B_3.

Com B_2 calculamos B_4 ($B_4 = B_2 \,.\, B_2 - 2$)

Com B_2 e B_3 calculamos B_5 ($B_5 = B_2 \,.\, B_3 - B_1$)

Com B_4 calculamos B_8 ($B_8 = B_4 \,.\, B_4 - 2$)

Com B_4 e B_5 calculamos B_9 ($B_9 = B_4 \,.\, B_5 - B_1$)

Com B_8 e B_9 calculamos B_{17} ($B_{17} = B_8 \,.\, B_9 - B_1$)

Em vez de 17 repetições fazemos apenas 5 cálculos.

Um exemplo dessa otimização, usando uma geração reversa com recursividade, está no programa Prog14, no Apêndice 4.

Há ainda outras possibilidades, mas que não serão abordadas neste livro.

Pseudoprimos do Teste Heroniano

A aplicação da abordagem original ou de suas otimizações resulta em quantidades diferentes de pseudoprimos, ou seja de números que são indicados como primos, mas não o são.

A quantidade de pseudoprimos depende da variação usada, mas todas têm por base a sequência de pseudoprimos listada no OEIS A335673:

10, 209, 230, 231, 399, 430, 455, 530, 901, 903, 923, 989 ...

A tabela a seguir totaliza a quantidade de pseudoprimos encontrados dependendo da variação de otimização aplicada, para números menores que 40.000:

Variação	Qtd. de pseudoprimos
Com B_n (original)	86
Com $B_{(n+1)/2}$	17
Com $B_{(n-1)/4}$ e $B_{(n+1)/4}$	14

Outras sequências

Existem outras sequências que têm comportamento similar à Sequência B. Seguem a mesma fórmula, $\mathbf{b_i = 4 . b_{i-1} - b_{i-2}}$, mas iniciam por valores diferentes e são formados por valores diferentes. Em razão disso, identificam erroneamente mais ou menos pseudoprimos como primos. A seguir uma tabela comparativa de algumas possibilidades avaliando números ímpares até 1.000.

Valores iniciais	Comparações	Qtd. de pseudoprimos	Exemplos de pseudoprimos
2, 4	Bn mod n = 4	8	209, 231, 399, 455, 901, 903 ...
1, 1	Bn mod n = 1 ou Bn mod n = 3	7	209, 299, 455, 497, 901, 923, 989...
3, 2	Bn mod n = 3 ou Bn mod n = 5	5	209, 455, 901, 923, 989 ...
3, 3	Bn mod n = 3 ou Bn mod n = 9	15	15, 57, 75, 105, 209, 285, 299 ...
10, 4	Bn mod n = 6 ou Bn mod n = 10	6	85, 209, 455, 901, 923, 989 ...

Dependendo da série, alguns primos pequenos, como 3 ou 5, não são detectados.

Para avaliar a primalidade de **n**, exceto o primeiro caso, referente à Sequência B, todo os demais requerem uma comparação de **Bn mod n** com dois números.

Pela análise da tabela, talvez a melhor escolha para uso real seja a sequência iniciada por 3 e 2, que não detectam o menor número de pseudoprimos, apenas 5 casos entre os números menores que mil. Note que a série é formada por 3, 2, 5, 18, 67, 250, 933, 3482, 12995, 48498 etc., valores diferentes dos da Sequência B.

Note que alguns pseudoprimos, como o 209, estão presentes em todas as opções mostradas. Isso significa que alguns pseudoprimos não podem ser detectados apenas se mudando os valores iniciais de geração das sequências.

Resumo do Teste de Primalidade Heroniano

O teste utiliza como base a Sequência B criada com a fórmula:

$B_i = 4 \, . \, B_{i-1} - B_{i-2}$

n	1	2	3	4	5	6	7	8	9	10
Bn	4	14	52	194	724	2702	10084	37634	140452	524174

Dividimos o valor $\mathbf{B_n - 4}$ por $\mathbf{n}$ e, caso a divisão seja inteira, o número é primo, em caso contrário, é composto.

Há exceções, tais como, 10, 209, etc. que são indicados pelo teste como primos, de forma errônea.

12. Teste de Primalidade de Lucas-Lehmer

Como vimos no Capítulo 10, os Primos de Mersenne são números primos no formato $\mathbf{2^n-1}$ cujos números-índice **n** também primos.

$M_n = 2^n - 1$ com **n** e $\mathbf{M_n}$ primos

Exemplos:

$n = 5$ e $M_5 = 31 = 2^5 - 1$

$n = 7$ e $M_7 = 127 = 2^7 - 1$

O Teste de Primalidade de Lucas-Lehmer é um famoso teste proposto para verificar números primos de Mersenne.

O Teste foi criado pelo matemático francês, Édouard Lucas no século 19 e, posteriormente, aperfeiçoado por Derrick Lehmer e 1930.

Neste capítulo usaremos a Sequência B desenvolvida no capítulo anterior para explicar por que o Teste funciona.

O funcionamento do Teste

Aplicamos o Teste de Lucas-Lehmer por meio dos seguintes passos:

1. Escolhe-se um número primo **n**

2. Para verificar se o número M_n correspondente é um primo de Mersenne, calcula-se $M_n = 2^n - 1$
3. Gera-se a Sequência L, iniciada por 4, 14, 194, 37634...[20]
4. Divide-se o valor de L_{n-2}, correspondente a **n** – 2, por M_n
5. Se o resto da divisão for zero, então M_n é um número primo e é chamado de Primo de Mersenne.

$M_n = 2^n - 1$	com **n** primo
$L_{n-2} \equiv 0 \pmod{M_n}$	se M_n for primo

De forma resumida, a Sequência L usada no Teste é calculada assim:

$L_0 = 4$ primeiro número da lista e

$L_i = L_{i-1}^2 - 2$ para os demais números,

e resulta na seguinte tabela:

L_0 =	4
L_1 =	14
L_2 =	194
L_3 =	37634
L_4 =	1416317954
L_5 =	2005956546822746114
...	...

O número M_n é primo quando divide L_{n-2}, sem resto, ou seja,

$$L_{n-2} \equiv 0 \pmod{M_n}$$

Por exemplo, se **n** é 7, $M_n = 2^7 - 1 = 127$. Como L_5 $(5 = 7 - 2)$ é divisível por 127 sem resto, então 127 é Primo de Mersenne.

$L_5 / 127 = 2005956546822746114 / 127 = 15794933439549182$

Uma forma de se escrever o Teste em pseudocódigo é:

---

[20] Ver a tabela no Anexo 3 e também a Sequência OEIS A003010.

```
Primalidade_LucasLehmer(n)
  // calcular o valor de L referente a n-2
  L = 4
  repeat n - 2 times
     L = L * L - 2

  // avaliar a primalidade de Mn
  Mn = 2ⁿ - 1
  if L mod Mn = 0
     return MERSENE_PRIME
  else
     return COMPOSITE
```

A rotina retorna MERSENE_PRIME se $\mathbf{M_n}$ for primo. Neste caso, já se demonstrou que **n** também é primo[21].

Para avaliarmos o primo de Mersenne $M_5 = 2^5 - 1 = 31$, a repetição é feita 3 vezes (3 = 5 – 2), que corresponde a L_3 = 37634, divisível por 31 (37634 / 31 = 1214)

Para avaliarmos $M_7 = 2^7 - 1 = 127$, a repetição é feita 5 vezes (5 = 7 – 2), que corresponde a L_5, divisível por 127.

Para avaliarmos o número composto 6, calculamos $M_6 = 2^6 - 1 = 63$. Executamos a repetição 4 vezes (4 = 6 – 2), que corresponde a L_4, que não é divisível por 63, com resultado decimal (1416317954/63 = 22481237,4). Portando M_6 não é um Primo de Mersenne.

A fim de evitar que o valor de L se torne muito grande, tradicionalmente aplicam-se algumas otimizações na rotina, como por exemplo, calcular o módulo em cada repetição. Veja um exemplo no Programa Prog15 no Apêndice 4.

---

[21] Ver demonstração no Anexo 2.

Essencialmente, se L_{n-2} for divisível por M_n, então este é um Primo de Mersenne.

$M_n = 2^n - 1$	com **n** primo
$L_{n-2} \equiv 0 \pmod{M_n}$	se M_n for primo de Mersenne

Se L_{n-2} é divisível por M_n, $L_n - 2$ também é

Um ponto muito importante para a compreensão do funcionamento do Teste é perceber que também podemos usar $L_n - 2$ para fazer a avaliação.

No exemplo do número 5, com o $M_n = 31$, além de L_3 ser divisível por 31, $L_5 - 2$ também é.

Modificando o pseudocódigo anterior para executar dessa forma, teríamos:

```
Primalidade_LucasLehmer(n) // alternativa
   // calcular o valor de L referente a n
   L = 4
   repeat n times
      L = L * L - 2

   // avaliar a primalidade de Mn
   Mn = 2ⁿ - 1
   if (L - 2) mod Mn = 0
      return MERSENE_PRIME
   else
      return COMPOSITE
```

O programa Prog16 no Apêndice 4 ilustra esse pseudocódigo.

Observe que efetuar a avaliação com L_3 no lugar da alternativa com $L_5 - 2$ é mais eficiente, pois envolve menos operações e valores muito menores.

Demonstração

Vejamos por quê, para um primo de Mersenne M_n, se L_{n-2} é divisível por M_n, $L_n - 2$ também é.

Segundo o critério usado pelo Teste de Lucas-Lehmer, temos que, para primos de Mersenne:

- L_{n-2} é múltiplo de M_n: tem resto 0 se dividido por M_n.
- $L_{n-1} = L_{n-2}^2 - 2$
- $L_n = L_{n-1}^2 - 2$

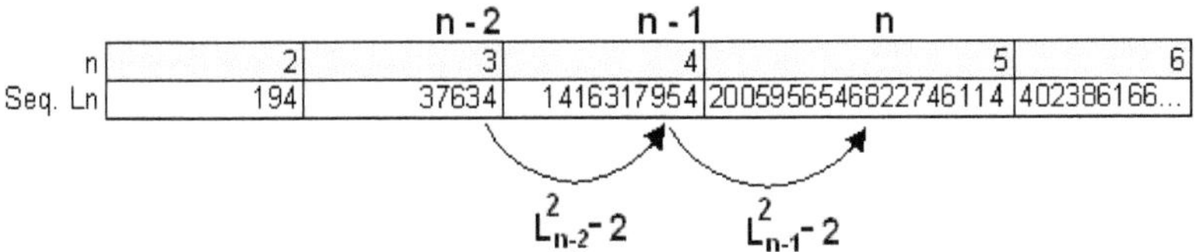

Assim sendo,

$L_n = (L_{n-2}^2 - 2)^2 - 2 = L_{n-2}^4 - 4 \,.\, L_{n-2}^2 + 2$

Como L_{n-2} é múltiplo de M_n vamos substituir $L_{n-2}^4 - 4 \,.\, L_{n-2}^2$ por $k \,.\, M_n$:

$L_n = k \,.\, M_n + 2$

Ou

$L_n - 2 = k.\, M_n$, um múltiplo de M_n.

Em aritmética modular isso se representa como

$L_n - 2 \equiv 0 \pmod{M_n}$.

Portanto, se L_3 é divisível por 31, então, $L_5 - 2$ também o é.

O Primo de Mersenne $M_3 = 2^3 - 1 = 7$, é divisor de $L_1 = 14$ (sendo, $1 = 3 - 2$).

E M_3 também é divisor de $L_3 - 2 = 37632$.

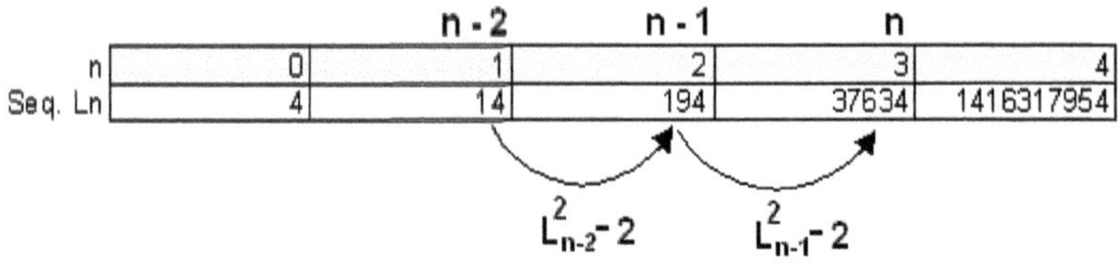

n	0	1	2	3	4
Seq. Ln	4	14	194	37634	1416317954

Vínculo da Sequência L com a Sequência B

Os valores da Sequência L coincidem com valores da Sequência B, apresentada no capítulo anterior:

$L_0 =$	$B_1 =$	4
$L_1 =$	$B_2 =$	14
	$B_3 =$	52
$L_2 =$	$B_4 =$	194
	$B_5 =$	724
	$B_6 =$	2702
	$B_7 =$	10084
$L_3 =$	$B_8 =$	37634
	$B_9 =$	140452
	$B_{10} =$	524174
	$B_{11} =$	1956244
	...	...
	$B_{31} =$	537494436773078404
$L_5 =$	$B_{32} =$	2005956546822746114

Note que os valores da Sequência L são um subconjunto da Sequência B, como indicado na tabela. A correspondência de L com B ocorre quando o subscrito **i**, de $\mathbf{B_i}$, tem o valor de uma potência de 2 (1, 2, 4, 8, etc.). Dessa forma, L_2 tem o mesmo valor que B_4, pois $2^2 = 4$ e L_3 tem o mesmo valor que B_8, pois $2^3 = 8$.

$$L_i = B_{2^i}$$

O resto de $B_{n+1} - 2 / n$ é zero

Como vimos, se $B_n - 4$ dividido por **n** tem resto zero, então, **n** é primo e, caso seja um Primo de Mersenne, B_{n+1} / n tem resto 2.

$B_n - 4 \equiv 0 \pmod{n}$	implica que
$B_{n+1} \equiv 2 \pmod{n}$	para Primos de Mersenne.

Isso está demonstrado no Apêndice 2.

Por exemplo, se 31, por ser primo de Mersenne, divide B_{31} com resto 4, então, divide B_{32} com resto 2.

n= 30	31	32	33
1440212002695675O2	537494436773078404	200595654682274611 4	748633175051790605 2
resto de n/31= 14	4	2	4

Explicação do Teste de Lucas-Lehmer

Vamos explicar o Teste por meio de um exemplo, com o número 5, para avaliar $M_5 = 31 = 2^5 - 1$.

Inicialmente, vamos aplicar o Teste Heroniano:

a) a divisão de $B_{31} - 4$ por 31 é inteira, então, de acordo com o Teste Heroniano, 31 é primo;

b) e, consequentemente, B_{32} quando dividido por 31 têm resto 2, conforme vimos na seção anterior: $B_{32} - 2 = 0 \pmod{31}$.

Aplicando o Teste de Lucas-Lehmer temos que:

c) 31 divide L_{5-2}, sem resto;

d) e, por isso, L_5 / 31 tem resto 2, e também $L_5 - 2 = 0$ (mod 31);

e) e, como L_5 tem o mesmo valor que B_{32}, conforme o item (b), fica confirmado que 31 é primo.

Esse exemplo está resumido na figura:

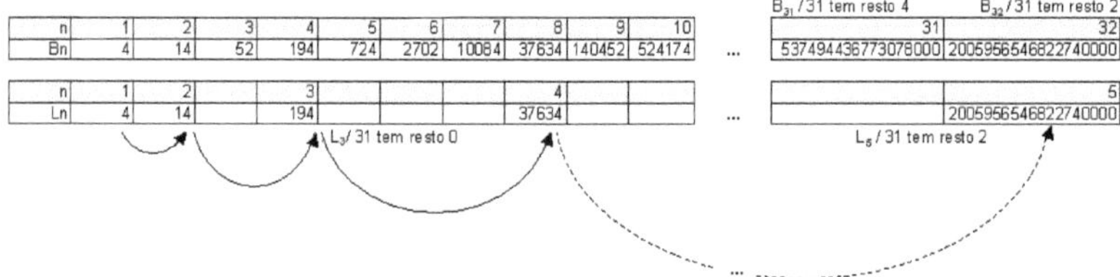

A garantia de que 31 é primo resulta do fato de que, quando 31 divide L_3, significa que divide $B_{31} - 4$ sem resto, que é a prova de primalidade.

Vantagem do Teste de Lucas-Lehmer

A eficiência do Teste está no fato de utilizar a Sequência B como base, mas calculando os valores de B por meio do afastamento de potências de 2 até encontrar o B_n com o correspondente a $2^k/4$, que é o mesmo que L_{n-2} (ex. $L_{5-3} = L_3 = B_8 = B_{32/4} = B_{2^5/4}$);

Com isso, a quantidade de cálculos necessários para avaliar um determinado número **n** é bastante reduzida.

A figura a seguir ilustra o afastamento e a reduzida quantidade de valores da Sequência B que são calculados para avaliar o número 127, que divide B_{32} com resto zero.

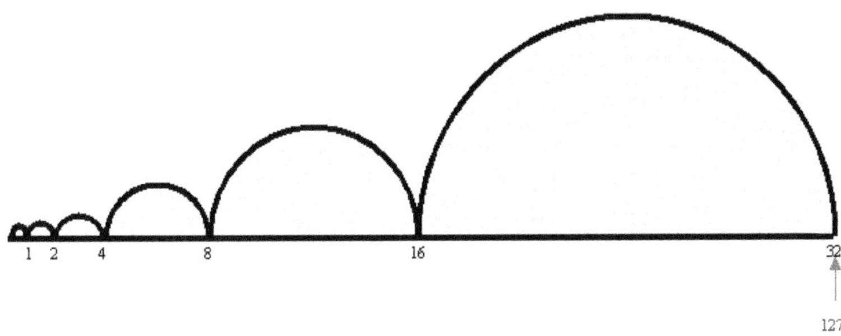

Variações

Estudando o por quê do funcionamento do Teste de Primalidade de Lucas-Lehmer nos ocorre a possibilidade de criar outros testes específico para localizar números primos.

A figura nos permite pressupor que, se mudarmos o valor inicial para o cálculo, teremos outros valores de B_n e assim podemos verificar a primalidade de outros números, além dos Primos de Mersenne.

Variação 1: $Q_n = 3 . 2^n - 1$

No pseudocódigo a seguir ilustramos a forma de cálculo para verificar números no formato $3.2^n - 1$ (ver OEIS A007505). A avaliação pode ser feita para todos os número **n** positivos, não importando se são primos ou não.

```
Primalidade_Variação1(n)
   Q = 3 . 2n - 1
   // calcular o valor de L referente a n
   L = 52
   repeat n times
      L = (L * L - 2) (mod Q)

   // avaliar a primalidade
   if L = 14
      return IS_PRIME
   else
      return COMPOSITE
```

Algumas diferenças básicas em relação ao cálculo tradicional de Lucas-Lehmer:

- o primo a ser procurado tem a forma de $3.2^n - 1$;
- o valor inicial é 52 no lugar do tradicional 4;
- a quantidade de repetições é **n** e não **n–2**;
- o teste considera como primo aqueles cujo valor final de L é 14.

Com essa rotina, detectamos os seguintes primos, calculados com **n** menores que 100:

N	primo $Q_n = 3 . 2^n - 1$ detectado
3	23
4	47
6	191
7	383
11	6143
18	786431
34	51539607551
38	824633720831
43	26388279066623
55	108086391056891903
64	55340232221128654847
76	226673591177742970257407
94	59421121885698253195157962751

O programa Prog17 no Apêndice 4 ilustra esse exemplo.

Variação 2: $Q_n = 2^n + 3$

O Teste de Lucas-Lehmer avalia os números imediatamente anteriores às potências de 2. Contudo, se analisarmos a distribuição dos números primos, veremos que há outros primos nas proximidades das potências, por exemplo 11 (8+3), 17 (16+3), 67 (64+3).

Esses primos $2^n + 3$ estão ressaltados com borda tracejada na figura:

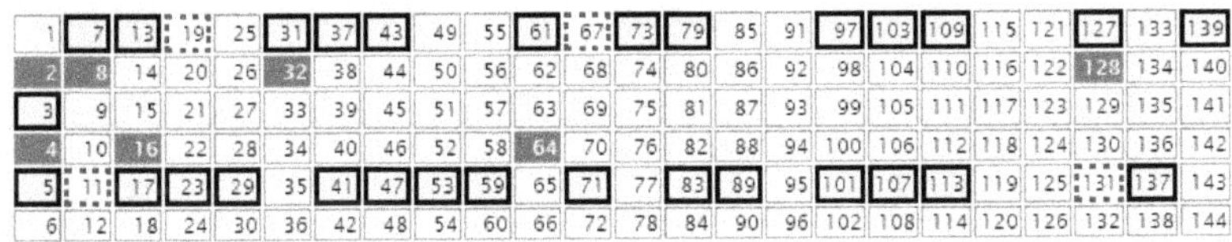

O pseudocódigo a seguir foi adaptado do tradicional Teste de Lucas-Lehmer para localizar números primos $2^n + 3$ (ver OEIS A057733).

```
Primalidade_Variação2(n)
   Q = 2ⁿ + 3
   // calcular o valor de L referente a n - 1
   L = 4
   repeat n - 1 times
       L = (L * L - 2) (mod Q)

   // avaliar a primalidade
   if L = 14 or L = Q - 4
       return IS_PRIME
   else
       return COMPOSITE
```

A repetição ocorre **n – 1** vezes e, portanto, a comparação de L, já calculado o módulo Q, deve ser feita com os valores 14 e Q – 4. Note que números-índice pares e números não primos também resultam em primos.

Com essa rotina, comentada superficialmente na seção de Variações do Capitulo 10 sobre os Primos de Mersenne, detectamos os seguintes primos até 100:

n	primo $Q_n = 2^n + 3$ detectado
3	11
4	19
6	67
7	131
12	4099
15	32771
16	65539
18	262147
28	268435459

30	1073741827
55	36028797018963971
67	147573952589676412931
84	19342813113834066795298819

O programa Prog18 no Apêndice 4 ilustra esse exemplo.

Variação 3: $Q_n = 2^n - 3$

Esta variação, da mesma forma que a anterior verifica os números que seguem o padrão $2^n - 3$ (ver OEIS A050415):

```
Primalidade_Variação3(n)
   Q = 2ⁿ - 3
   // calcular o valor de L referente a n - 1
   L = 4
   repeat n - 1 times
      L = (L * L - 2) (mod Q)

   // avaliar a primalidade
   if L = Q-14 or L = 4
      return IS_PRIME
   else
      return COMPOSITE
```

A mudança mais importante é a comparação de L para confirmar a primalidade. Nesse caso, usamos Q-14 e 4.

Um exemplo é realizado pelo programa Prog19 o Apêndice 4.

As três variações acima pretendem demonstrar que inúmeros outros números primos, não só os Primos de Mersenne, podem ser verificados por meio de pequenas mudanças no Teste de Lucas-Lehmer.

Como a eficiência deles é similar ao teste original, o autor acredita que seria possível encontrar o maior primo usado o programa atual do GIMP, com pequenas modificações.

Além disso, essas variações permitem encontrar um conjunto diferente de primos, característica essa que, talvez, possa ser usada para a escolha de números primos para uso em criptografia.

Referências

As bases para a compreensão do texto estão amplamente disponíveis na Internet. O autor procurou limitar a variedade de obras e *sites* consultados de forma a facilitar o acesso de informações pelos leitores.

As biografias de matemáticos e os conceitos mais simples sobre os números primos podem ser obtidos na Wikipedia. Embora algumas da páginas da Wikipedia estejam em espanhol ou em inglês.

Conceitos e fórmulas mais especializados estão disponíveis na obra fundamental, em inglês, do professor Paulo Ribenboim:

RIBENBOIM,P. The Little Book of Bigger Primes, 2. ed. New York: Springer, 2004.

As sequências de números citadas no livro, acompanhadas do acrônimo OEIS, se referem ao *site* da Enciclopédia On-line de Sequências de Inteiros, disponível em https://oeis.org.

1. Sobre o crivo ou peneira de Eratóstenes
https://pt.wikipedia.org/wiki/Crivo_de_Erat%C3%B3stenes

2. Aritmética modular
https://pt.wikipedia.org/wiki/Aritm%C3%A9tica_modular

3. Carta de Fermat para Frénicle. 18-Oct-1640 (em francês)
https://archive.org/details/oeuvresdefermat02ferm/page/206/mode/2up?view=theater

4. Pequeno Teorema de Fermat
https://pt.wikipedia.org/wiki/Teste_de_primalidade_de_Fermat

5. Número pseudoprimo de Fermat (em espanhol)
https://es.wikipedia.org/wiki/N%C3%BAmero_pseudoprimo_de_Fermat

6. Sobre gaps entre números primos
https://pt.wikipedia.org/wiki/Intervalo_entre_primos

7. Teorema Fundamental da Aritmética
https://pt.wikipedia.org/wiki/Teorema_fundamental_da_aritm%C3%A9tica
8. Primos de Sophie Germain (em inglês)
https://en.wikipedia.org/wiki/Safe_and_Sophie_Germain_primes
9. Sequências de Cunningham (em inglês)
https://en.wikipedia.org/wiki/Cunningham_chain
10. Polinômio de Euler
https://pt.wikipedia.org/wiki/Polin%C3%B4mio_de_Euler
11. Polinômios que geram primos
https://mathworld.wolfram.com/Prime-GeneratingPolynomial.html
12. Conjetura de Goldbach
https://pt.wikipedia.org/wiki/Conjetura_de_Goldbach
13. Postulado de Bertrand (em inglês)
https://en.wikipedia.org/wiki/Bertrand%27s_postulate
14. Chris K. Caldwell, Angela Reddick, and Yeng Xiong1. The History of the Primality of One: A Selection of Sources. Journal of Integer Sequences, Vol. 15 (2012), Article 12.9.8
15. Tratado do triângulo aritmético
https://www.matematica.br/historia/pascal.html
Great Books of the Western World, vol.33, Encyclopaedia Britannica, Inc., 1952.
16. Pirâmide de Pascal
https://pt.wikipedia.org/wiki/Pir%C3%A2mide_de_Pascal
https://en.wikipedia.org/wiki/Pascal%27s_pyramid
17. Números de Mersenne
https://pt.wikipedia.org/wiki/Primo_de_Mersenne
18. Electronic Frontier Foundation
https://en.wikipedia.org/wiki/Electronic_Frontier_Foundation
19. GIMPS (Great Internet Mersenne Prime Search)
https://pt.wikipedia.org/wiki/Great_Internet_Mersenne_Prime_Search

Apêndice 1. Propriedade do Heroniano

(B_n – 4) / n tem divisão inteira para n primo

O Teste de Primalidade Heroniano apresentado no Capítulo 11 baseia-se na propriedade de os números primos dividirem os respectivos valores B_n menos 4 da Sequência B. E, ao contrário, exceto por algumas exceções, isso não acontece com números compostos.

Sequência B

n	1	2	3	4	5	6	7	8	9	10
Bn	4	14	52	194	724	2702	10084	37634	140452	524174

Por exemplo, B_7–4 é divisível por 7, pois 10080/7 = 1440.

A Sequência B pode ser calculada a partir do Triângulo de Pascal , o que explica a propriedade de divisibilidade.

O valor de qualquer B_n é resultado da soma de um conjunto de pares de células, de acordo com a equação[22]:

$$B_n = \sum_{k=0}^{n} \left[\binom{n+k-1}{2 \cdot k} + \binom{n+k}{2 \cdot k} \right] \cdot 2^k \qquad (1)$$

Na qual, a representação $\binom{a}{b}$ ou (a,b) é o coeficiente binomial de ***a*** sobre ***b*** e também o valor da célula ***b*** da linha ***a*** do Triângulo de Pascal.

[22] Lembrando que (a, b) é zero quando b > a.

Por exemplo, no cálculo do $\mathbf{B_n}$ referente ao número 5, com $\boldsymbol{k}$ variando de 0 a 5, somamos o valor do respectivo par de células e multiplicamos por uma potência de 2:

$$
\begin{aligned}
B_5 = \ & [\,(4,0) + (5,0)\,] \bullet 2^0 + \\
& [\,(5,2) + (6,2)\,] \bullet 2^1 + \\
& [\,(6,4) + (7,4)\,] \bullet 2^2 + \\
& [\,(7,6) + (8,6)\,] \bullet 2^3 + \\
& [\,(8,8) + (9,8)\,] \bullet 2^4 + \\
& \quad [\,(10, 10)\,] \bullet 2^5 \\
B_5 = \ & 724
\end{aligned}
$$

$$
\begin{aligned}
B_5 = \ & 2 \bullet 2^0 + \\
& 25 \bullet 2^1 + \\
& 50 \bullet 2^2 + \\
& 35 \bullet 2^3 + \\
& 10 \bullet 2^4 + \\
& 1 \bullet 2^5 \\
B_5 = \ & 724
\end{aligned}
$$

Essa apresentação das somas das células evidencia que, exceto os primeiro e o último par de somas, todos os demais são divisíveis por **n**, no caso 5, já que é primo.

Marcando as células do Triângulo de Pascal referentes esse exemplo, verificamos que obedecem a um padrão de distribuição:

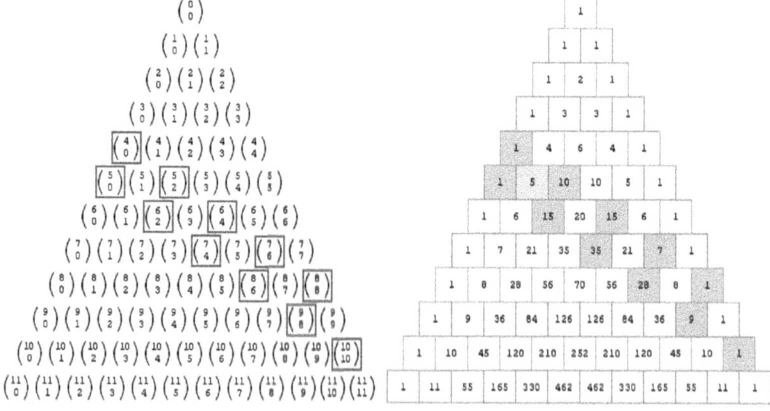

Cada par de somas pode ser calculado por meio de fatoriais:

$$\binom{n+k-1}{2\cdot k}+\binom{n+k}{2\cdot k}=\frac{(n+k-1)\cdot(n+k-2)\ldots(n-k)}{(2k)!}+\frac{(n+k)\cdot(n+k-1)\ldots(n-k+1)}{(2k)!}$$

Colocando em evidência parte dos produtos e 2.k:

$$\binom{n+k-1}{2\cdot k}+\binom{n+k}{2\cdot k}=\frac{(n+k)+(n-k)}{2\cdot k}\cdot\frac{(n+k-1)\ldots(2k+1)}{(2k-1)!}$$

Que é equivalente a:

$$\binom{n+k-1}{2\cdot k}+\binom{n+k}{2\cdot k}=\frac{n}{k}\cdot\binom{n+k-1}{2\cdot k-1} \qquad (2)$$

Exemplo com a soma das células correspondentes a **n** = 7 e **k**=3:

$$\binom{9}{6}+\binom{10}{6}=\frac{7}{3}\cdot\binom{9}{5}=\frac{7}{3}\cdot 126=294$$

A soma das células de valor 84 e 210, é o produto de $\frac{7}{3}$ por $\binom{9}{5}$:

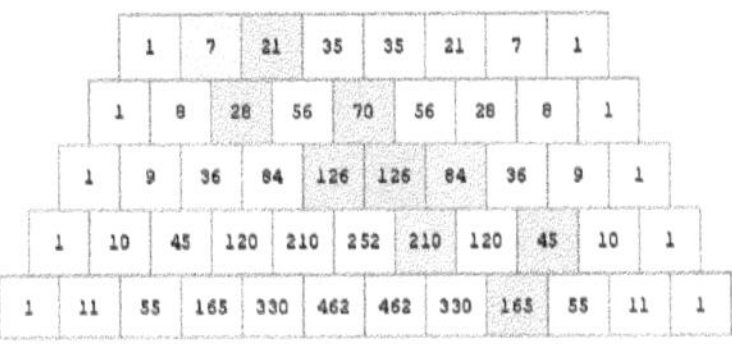

É importante notar que, na equação (2), a soma é um inteiro e, portanto, o denominador **k** divide **n** ou divide o coeficiente binomial, ou ambos.

Na equação 2, se **n** for primo, não é dividido por nenhum dos denominadores e portanto ele é um fator do resultado. Nesse caso, as somas serão divisíveis por n.

Exemplo para n=7:

	k				
B_7 =	0	[(6,0) + (7,0)] • 2^0 +	B_7 =	2	• 2^0 +
	1	[(7,2) + (8,2)] • 2^1 +		49	• 2^1 +
	2	[(8,4) + (9,4)] • 2^2 +		196	• 2^2 +
	3	[(9,6) + (10,6)] • 2^3 +		294	• 2^3 +
	4	[(10,8) + (11,8)] • 2^4 +		210	• 2^4 +
	5	[(11,10) + (12,10)] • 2^5		77	• 2^5 +
	6	[(12,12) + (13,12)] • 2^6		14	• 2^6 +
	7	[(14,14)] • 2^7		1	• 2^7
B_7 =	10084		B_7 =	10084	

Calculando com a equação (2) a soma referente a n=7 e k=4:

$$\binom{10}{8}+\binom{11}{8}=\frac{7}{4}\cdot\binom{10}{7}=\frac{7}{4}\cdot 120=210$$

Como 120, correspondente a (10,7), é divisível por 4, então 210 é um múltiplo de 7.

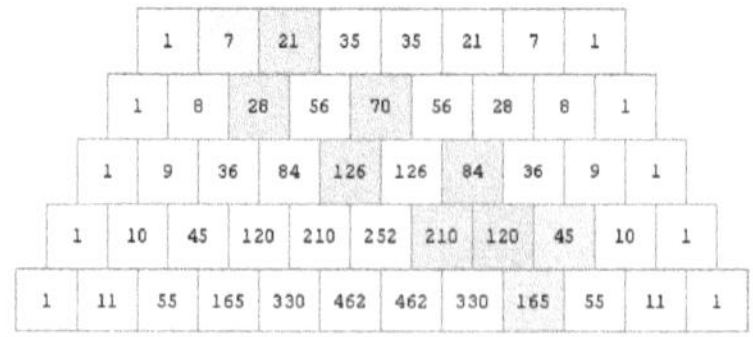

1	7	21	35	35	21	7	1				
1	8	28	56	70	56	28	8	1			
1	9	36	84	126	126	84	36	9	1		
1	10	45	120	210	252	210	120	45	10	1	
1	11	55	165	330	462	462	330	165	55	11	1

Assim, todas as somas, exceto a primeira e a última, são divisíveis por **n**, quando é primo.

Caso **n** não seja primo, algum dos fatores dos denominadores divide **n** e ele não estará presente como fator da soma. Nesse caso, o resultado da divisão da soma por **n** não será inteiro.

Para os números primos, o valor de B_n, conforme a equação (1), após aplicarmos as multiplicações pelas potências de 2, pode ser expresso por:

$$B_n = 2 \cdot 2^0 + k' \cdot n \cdot 2^1 + k'' \cdot n \cdot 2^2 + k''' \cdot n \cdot 2^3 + \ldots + 1 \cdot 2^n$$

Substituindo os inteiros k', k'', k''', ... por k, temos

$$B_n = 2 + k \cdot n + 2^n \qquad (3)$$

Vamos aplicar um artifício para modificar a equação (3):

Sabemos, como decorrência do Pequeno Teorema de Fermat, que $2^n - 2$ é divisível por **n**, quando é primo. Então, subtraindo e somando 2 na equação:

$$Bn = 2 + k \cdot n + (2^n - 2) + 2$$

$$Bn = 2 + k \cdot n + k' \cdot n + 2 \quad \text{e fazendo} \quad k'' = k + k'$$

$$Bn = 4 + k'' \cdot n$$

Ou seja,

$Bn - 4 = k'' n$ para **n** primo.

Ou, em notação de aritmética modular:

$$Bn - 4 \equiv 0 \pmod{n} \qquad (4)$$

Essa característica é a base do Teste de Primalidade Heroniano apresentado no Capítulo 11, e, por consequência, a base do funcionamento do Teste de Primalidade de Lucas-Lemer (Capítulo 12).

Pseudoprimos

Os pseudoprimos, compostos que satisfazem a equação (4), surgem em decorrência de duas característica da equação (1):

- está conectada à fórmula do Pequeno Teorema de Fermat e por consequência surgem pseudoprimos derivados dos pseudoprimos de Fermat; e
- há uma compensação de valores de mais de uma das somas e, assim, satisfazem a equação (4).

O número 10 é um pseudoprimo porque, embora composto, $B_{10} - 4$ tem resto zero, quando dividido por 10.

Vamos inspecionar a lista de somas que gera $B_{10} = 524174$, com cada parcela já multiplicada pela respectiva potência 2^k.

B_{10} =	[(9,0) + (10,0)] • 2^0 +	B_{10} =	2	+
	[(10,2) + (11,2)] • 2^1 +		200	+
	[(11,4) + (12,4)] • 2^2 +		3300	+
	[(12,6) + (13,6)] • 2^3 +		21120	+
	[(13,8) + (14,8)] • 2^4 +		68640	+
	[(14,10) + (15,10)] • 2^5 +		**128128**	+
	[(15,12) + (16,12)] • 2^6 +		145600	+
	[(16,14) + (17,14)] • 2^7 +		102400	+
	[(17,16) + (18,16)] • 2^8 +		43520	+
	[(18,18) + (19,18)] • 2^9+		10240	+
	[(20, 20)] • 2^{10}		**1024**	
B_{10} =	524174	B_{10} =	524174	

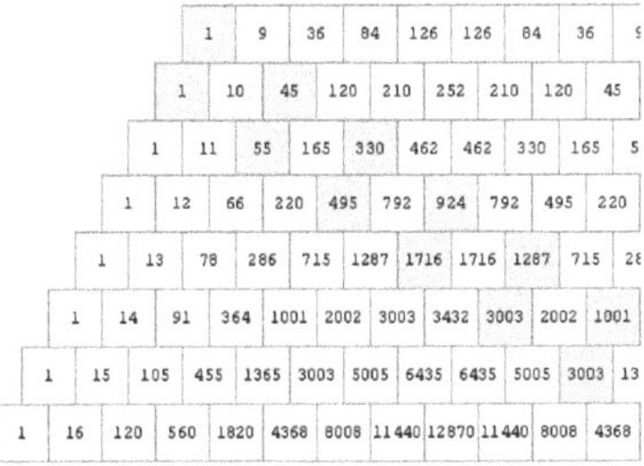

A soma integral, ou B_{10}, termina em 4 e, portanto $B_{10} - 4$ é um múltiplo de 10. Contudo, podemos ver, claramente, que as parcelas destacadas não são múltiplas de 10, mas há uma compensação no total somado, de forma que o total menos quatro seja divisível por 10.

Essa mesma situação ocorre nos demais pseudoprimos listados em OEIS A335673.

Curiosidade

Não deve ter passado despercebido do leitor com noções da Teoria dos Números que as células consideradas para o cálculo dos valores de B_n são as mesmas que totalizam os famosos números de Fibonacci. Entretanto, para o cálculo da Sequência B, esses valores são ponderados por potências de 2 (equação 1).

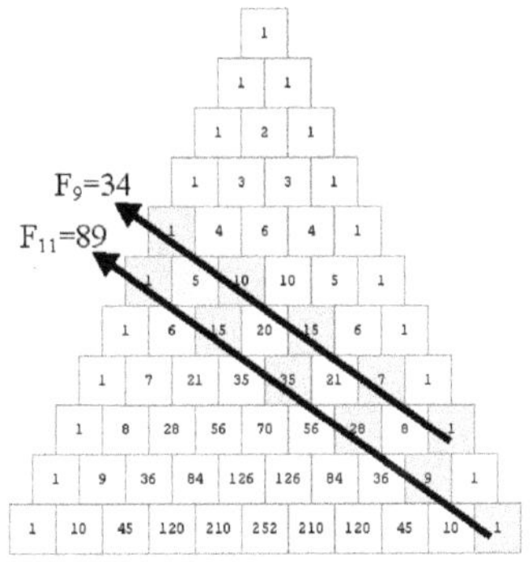

Apêndice 2. Demonstrações

Demonstrações neste apêndice:

- Se M_n for Primo de Mersenne , então, n é primo
- O primo n divide $B_{n-1} - 2$ ou $B_{n+1} - 2$
- Se n é Primo de Mersenne, B_{n+1} / n tem resto 2

Se M_n for Primo de Mersenne , então, n é primo

Se $2^n - 1$ é primo, então **n** é primo. Vamos provar isso por contradição, mostrando que, quando **n** é composto, então $2^n - 1$ também é.

Seja n = a . b com a, b > 1 e $1 < 2^a - 1 < 2^n - 1$, então,

$2^n - 1 = 2^{a.b} - 1 = (2^a)^b - 1$

Façamos $v = 2^a$, ou seja, $2^n - 1 = v^b - 1$.

Sabemos que a expressão a seguir é uma generalização dos desenvolvimentos da fórmula binomial:

$x^{2n+1} - y^{2n+1} = (x - y)(x^{2n} + x^{2n-1}y + x^{2n-2}y2 + ... + y^{2n})$

Assim sendo,

$v^b - 1 = (v - 1)(v^{b-1} + v^{b-2} + v^{b-3} + ... + 1)$ (1)

Mas, temos que,

$v = 2^a$ e, como **a** é maior que 1, $v >= 4$ e $(v - 1) > 1$.

E também, como b > 1:

$$(v^{b-1} + v^{b-2} + v^{b-3} + ...+1) > 1$$

Ou seja, a partir da equação (1) vemos que $v^b - 1 = 2^n - 1$ é produto de dois números maiores que 1. Isso contradiz a afirmação que $2^n - 1$ é primo.

Dessa forma, se **n** for composto, M_n, também será e, portanto, para que M_n seja primo, **n** deve ser também primo.

Essa demonstração é baseada em resposta de André Nicolas no site StackExchange [23].

O primo n divide $B_{n-1} - 2$ ou $B_{n+1} - 2$

Conforme vimos na propriedade 4 da Sequência B os números primos, além de dividir $\mathbf{B_n - 4}$, sempre dividem $\mathbf{B_{n-2} - 4}$ ou $\mathbf{B_{n+2} - 4}$.

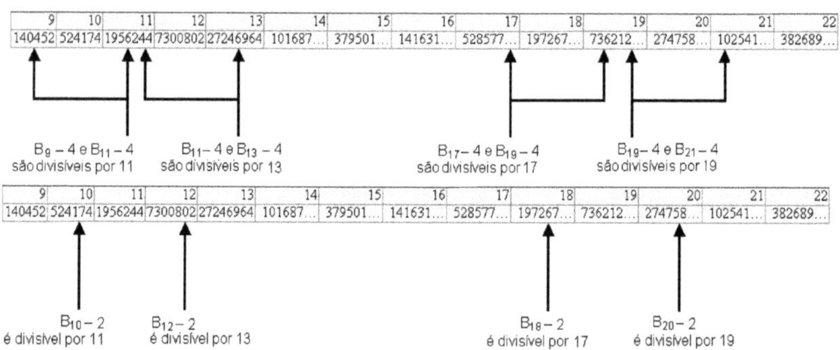

Os **B** entre $\mathbf{B_n}$ e $\mathbf{B_{n-2}}$ ou entre $\mathbf{B_n}$ e $\mathbf{B_{n+2}}$, se divididos por **n**, deixam resto 2. Ou seja **n** divide $B_{n-1} - 2$ ou $B_{n+1} - 2$.

---

[23] math.stackexchange.com/questions/186587/prove-that-if-2n-1-is-prime-then-n-is-prime-for-n-being-a-natural-numb

Suponhamos 3 valores de Bn em sequência, B_a, B_b e B_c.

Sendo que o primeiro e o terceiro com resto 4 quando divididos por um primo **n** qualquer. Temos então que:

$B_a - 4 = k' . n$ ou $B_a = k'. n + 4$

$B_c - 4 = k'' . n$ ou $B_c = k''. n + 4$

Para determinar B_i, utilizamos a equação (1) do Capítulo 11, que rege a geração dos valores da Sequência B:

$B_i = 4 . B_{i-1} - B_{i-2}$

Então,

$B_c = 4 . B_b - B_a$

$B_c = k''.n + 4 = 4 . B_b - k'.n - 4$

$k''.n + 4 + k'.n + 4 = 4 . B_b$

Rearrumando

$k''.n +. k'.n + 8 = 4 . B_b$

Ou

$n . (k'' + k') / 4 + 8 / 4 = B_b$

Substituindo $(k'' + k') / 4$ por k:

$k. n + 2 = B_b$

Ou seja, B_b deixa resto 2 quando dividido por n.

Se n é Primo de Mersenne, B_{n+1} / n tem resto 2

Vimos na propriedade 4 da Sequência B (Capítulo 11) que os número primos com módulo 12 igual a 1 e 11 dividem $B_n - 4$ e $B_{n-2} - 4$. Os demais primos, e entre eles os Primos de Mersene, dividem $B_n - 4$ e $B_{n+2} - 4$. Por exemplo

Primo de Mersenne	N mod 12	Divide $B_n - 4$	Divide $B_{n+2} - 4$
3	3	Sim	Sim
7	7	Sim	Sim
31	7	Sim	Sim
127	7	Sim	Sim
8191	7	Sim	Sim
131071	7	Sim	Sim
524827	7	Sim	Sim
2147483647	7	Sim	Sim

Por esse motivo, e de acordo com a demonstração anterior, os Primos de Mersenne dividem B_{n+1} com resto 2, ou,

$B_{n+1} - 2 \equiv 0 \pmod{n}$ para Primos de Mersenne.

Como exemplo, temos que 7 divide $B_7 - 4$ e também divide $B_8 - 2$.

n	1	2	3	4	5	6	7	8	9
Bn	4	14	52	194	724	2702	10084	37634	140452
Restos da divisão por 7	7	0	3	5	3	0	4	2	4

Apêndice 3. Listas e tabelas

Neste apêndice, apresentamos listas de tabelas de números e de sequências usadas no texto para facilitar a análise das equações, rotinas e propriedades propostas ou analisadas.

Na lista de números primos, o número 1 foi incluído, pois o autor o considera primo.

Tabelas neste apêndice:

- Números primos
- Primos de Mersenne
- Sequência B (Teste Heroniano)
- Sequência L (Teste de Lucas-Lehmer)
- Triângulo de Pascal (diagrama)

Números primos

1, 2, 3, 5, 7, 11, 13, 17, 19, 23, 29, 31, 37, 41, 43, 47, 53, 59, 61, 67, 71, 73, 79, 83, 89, 97, 101, 103, 107, 109, 113, 127, 131, 137, 139, 149, 151, 157, 163, 167, 173, 179, 181, 191, 193, 197, 199, 211, 223, 227, 229, 233, 239, 241, 251, 257, 263, 269, 271, 277, 281, 283, 293, 307, 311, 313, 317, 331, 337, 347, 349, 353, 359, 367, 373, 379, 383, 389, 397, 401, 409, 419, 421, 431, 433, 439, 443, 449, 457, 461, 463, 467, 479, 487, 491, 499, 503, 509, 521, 523, 541, 547, 557, 563, 569, 571, 577, 587, 593, 599, 601, 607, 613, 617, 619, 631, 641, 643, 647, 653, 659, 661, 673, 677, 683, 691, 701, 709, 719, 727, 733, 739, 743, 751, 757, 761, 769, 773, 787, 797, 809, 811, 821, 823, 827, 829, 839, 853, 857, 859, 863, 877, 881, 883, 887, 907, 911, 919, 929, 937, 941, 947, 953, 967, 971, 977, 983, 991, 997, 1009, 1013, 1019, 1021, 1031, 1033, 1039, 1049, 1051, 1061, 1063, 1069, 1087, 1091, 1093,

1097, 1103, 1109, 1117, 1123, 1129, 1151, 1153, 1163, 1171,
1181, 1187, 1193, 1201, 1213, 1217, 1223, 1229, 1231, 1237,
1249, 1259, 1277, 1279, 1283, 1289, 1291, 1297, 1301, 1303,
1307, 1319, 1321, 1327, 1361, 1367, 1373, 1381, 1399, 1409,
1423, 1427, 1429, 1433, 1439, 1447, 1451, 1453, 1459, 1471,
1481, 1483, 1487, 1489, 1493, 1499, 1511, 1523, 1531, 1543,
1549, 1553, 1559, 1567, 1571, 1579, 1583, 1597, 1601, 1607,
1609, 1613, 1619, 1621, 1627, 1637, 1657, 1663, 1667, 1669,
1693, 1697, 1699, 1709, 1721, 1723, 1733, 1741, 1747, 1753,
1759, 1777, 1783, 1787, 1789, 1801, 1811, 1823, 1831, 1847,
1861, 1867, 1871, 1873, 1877, 1879, 1889, 1901, 1907, 1913,
1931, 1933, 1949, 1951, 1973, 1979, 1987, 1993, 1997, 1999,
2003, 2011, 2017, 2027, 2029, 2039, 2053, 2063, 2069, 2081,
2083, 2087, 2089, 2099, 2111, 2113, 2129, 2131, 2137, 2141,
2143, 2153, 2161, 2179, 2203, 2207, 2213, 2221, 2237, 2239,
2243, 2251, 2267, 2269, 2273, 2281, 2287, 2293, 2297, 2309,
2311, 2333, 2339, 2341, 2347, 2351, 2357, 2371, 2377, 2381,
2383, 2389, 2393, 2399, 2411, 2417, 2423, 2437, 2441, 2447,
2459, 2467, 2473, 2477, 2503, 2521, 2531, 2539, 2543, 2549,
2551, 2557, 2579, 2591, 2593, 2609, 2617, 2621, 2633, 2647,
2657, 2659, 2663, 2671, 2677, 2683, 2687, 2689, 2693, 2699,
2707, 2711, 2713, 2719, 2729, 2731, 2741, 2749, 2753, 2767,
2777, 2789, 2791, 2797, 2801, 2803, 2819, 2833, 2837, 2843,
2851, 2857, 2861, 2879, 2887, 2897, 2903, 2909, 2917, 2927,
2939, 2953, 2957, 2963, 2969, 2971, 2999, 3001, 3011, 3019,
3023, 3037, 3041, 3049, 3061, 3067, 3079, 3083, 3089, 3109,
3119, 3121, 3137, 3163, 3167, 3169, 3181, 3187, 3191, 3203,
3209, 3217, 3221, 3229, 3251, 3253, 3257, 3259, 3271, 3299,
3301, 3307, 3313, 3319, 3323, 3329, 3331, 3343, 3347, 3359,
3361, 3371, 3373, 3389, 3391, 3407, 3413, 3433, 3449, 3457,
3461, 3463, 3467, 3469, 3491, 3499, 3511, 3517, 3527, 3529,
3533, 3539, 3541, 3547, 3557, 3559, 3571, 3581, 3583, 3593,

3607, 3613, 3617, 3623, 3631, 3637, 3643, 3659, 3671, 3673, 3677, 3691, 3697, 3701, 3709, 3719, 3727, 3733, 3739, 3761, 3767, 3769, 3779, 3793, 3797, 3803, 3821, 3823, 3833, 3847, 3851, 3853, 3863, 3877, 3881, 3889, 3907, 3911, 3917, 3919, 3923, 3929, 3931, 3943, 3947, 3967, 3989, 4001, 4003, 4007, 4013, 4019, 4021, 4027, 4049, 4051, 4057, 4073, 4079, 4091, 4093, 4099, 4111, 4127, 4129, 4133, 4139, 4153, 4157, 4159, 4177, 4201, 4211, 4217, 4219, 4229, 4231, 4241, 4243, 4253, 4259, 4261, 4271, 4273, 4283, 4289, 4297, 4327, 4337, 4339, 4349, 4357, 4363, 4373, 4391, 4397, 4409, 4421, 4423, 4441, 4447, 4451, 4457, 4463, 4481, 4483, 4493, 4507, 4513, 4517, 4519, 4523, 4547, 4549, 4561, 4567, 4583, 4591, 4597, 4603, 4621, 4637, 4639, 4643, 4649, 4651, 4657, 4663, 4673, 4679, 4691, 4703, 4721, 4723, 4729, 4733, 4751, 4759, 4783, 4787, 4789, 4793, 4799, 4801, 4813, 4817, 4831, 4861, 4871, 4877, 4889, 4903, 4909, 4919, 4931, 4933, 4937, 4943, 4951, 4957, 4967, 4969, 4973, 4987, 4993, 4999,

Primos de Mersenne

n	2^n-1
2	3
3	7
5	31
7	127
13	8191
17	131071
19	524287
31	2147483647
61	2305843009213693951
89	6189700196...137449562111

Sequência B (Teste Heroniano)

n	B_n
1	4
2	14
3	52
4	194
5	724
6	2702
7	10084
8	37634
9	140452
10	524174
11	1956244
12	7300802
13	27246964
14	101687054
15	379501252
16	1416317954
17	5285770564
18	19726764302
19	73621286644
20	274758382274
21	1025412242452
22	3826890587534
23	14282150107684
24	53301709843202
25	198924689265124
26	742397047217294
27	2770663499604052
28	10340256951198914
29	38590364305191604
30	144021200269567502
31	537494436773078404
32	2005956546822746114
33	7486331750517906052
34	27939370455248878094

Sequência L (Teste de Lucas-Lehmer)

n	L_n
0	4
1	14
2	194
3	37634
4	1416317954
5	2005956546822746114
6	4023861667741036022825635656102100994
7	16191462721115671781777...499158514329308740975788034
8	262163465049278514...43276943901608919396607297585154

Triângulo de Pascal

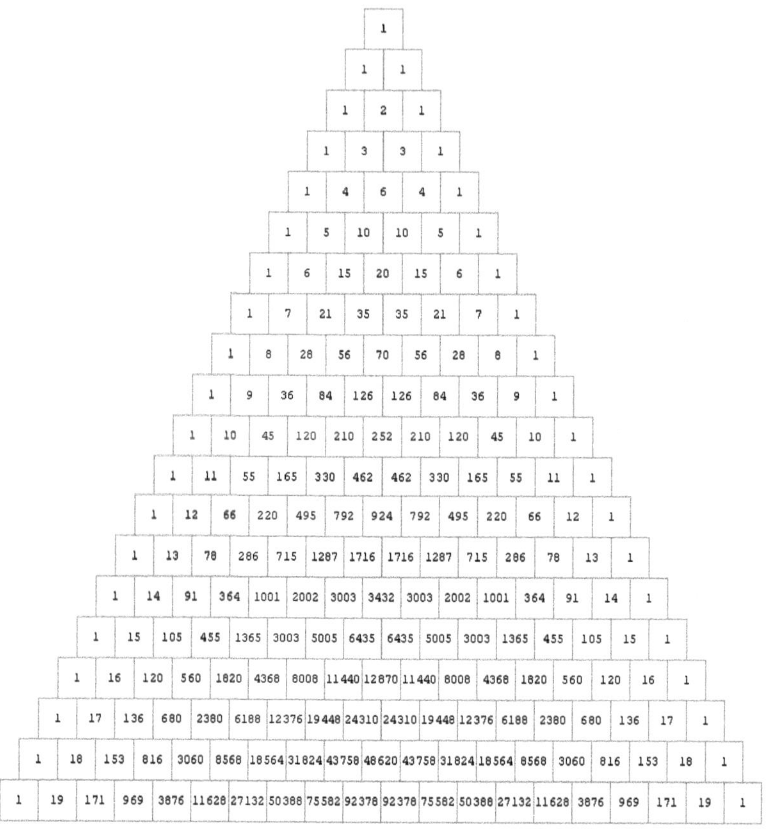

Apêndice 4. Programas

Nas páginas a seguir, estão os códigos fontes de programas que implementam exemplos apresentados neste livro.

Optamos por codificá-las em JavaScript por ser uma linguagem de programação simples e disponível em todos os *browsers (Chrome, Firefox, Safari etc.)*, facilitando seu uso. Alguns programas trabalham com números muito grandes. Nesse caso, o JavaScript requer um browser moderno que aceite números do tipo BigInt e que são representadoa nos programas com números acompanhados da letra n: 3n, 5n etc.

Os programas não estão otimizados para eficiência, mas foram escritos pensando em facilitar sua leitura e entendimento.

Para executar os programas no *browser*, basta copiar o código para um arquivo texto (tipo .TXT), renomeá-lo para o tipo de arquivo .HTML e clicar duas vezes sobre ele.

Os programas-fonte estão disponíveis para *download* no endereço intelimatica.com.br/NumerosPrimos

Programas:

Prog1	Primos de Sophie Germain
Prog2	Primos com alternativa criada pelo autor
Prog3	Euler – polinômio gerador de primos
Prog4	A. Lévy – polinômio gerador de primos
Prog5	Pol & Speziali – polinômio gerador de primos
Prog6	Alternativa criada pelo autor para a geração de primos
Prog7	Alternativa criada pelo autor para a geração de primos
Prog8	Simetria referente à Conjectura de Goldbach
Prog9	Triângulo de Pascal
Prog10	Teste de primalidade com números de Fibonacci
Prog11	Teste Heroniano
Prog12	Teste Heroniano (até metade)
Prog13	Teste Heroniano (até um quarto)
Prog14	Teste Heroniano (cálculo somente dos B_n necessários)
Prog15	Teste de Lucas-Lehmer (básico)
Prog16	Teste de Lucas-Lehmer (até L_n)
Prog17	Teste com fórmula $3 . 2^n - 1$
Prog18	Teste com fórmula $2^n + 3$
Prog19	Teste com fórmula $2^n - 3$

Programa Prog1 (Capítulo 3)

Esse programa lista os números primos de Sophie Germain.

Possui uma pequena lista de números primos que permitem validar os números apontados.

```
<script>
// pequena tabela para verificar se os números gerados são ou
não primos
var primos = [2, 3, 5, 7, 11, 13, 17, 19, 23, 29, 31, 37, 41,
43, 47, 53, 59, 61, 67, 71, 73, 79, 83, 89, 97, 101, 103, 107,
109, 113, 127, 131, 137, 139, 149, 151, 157, 163, 167, 173, 179,
181, 191, 193, 197, 199, 211, 223, 227, 229, 233, 239, 241, 251,
257, 263, 269, 271, 277, 281, 283, 293, 307, 311, 313, 317, 331,
337, 347, 349, 353, 359, 367, 373, 379, 383, 389, 397, 401, 409,
419, 421, 431, 433, 439, 443, 449, 457, 461, 463, 467, 479, 487,
491, 499, 503, 509, 521, 523, 541, 547, 557, 563, 569, 571, 577,
587, 593, 599, 601, 607, 613, 617, 619, 631, 641, 643, 647, 653,
659, 661, 673, 677, 683, 691, 701, 709, 719, 727, 733, 739, 743,
751, 757, 761, 769, 773, 787, 797, 809, 811, 821, 823, 827, 829,
839, 853, 857, 859, 863, 877, 881, 883, 887, 907, 911, 919, 929,
937, 941, 947, 953, 967, 971, 977, 983, 991, 997, 1009, 1013,
1019, 1021, 1031, 1033, 1039, 1049, 1051, 1061, 1063, 1069,
1087, 1091, 1093, 1097, 1103, 1109, 1117, 1123, 1129, 1151,
1153, 1163, 1171, 1181, 1187, 1193, 1201];
var txt = '';
var qtd = 0;
for (let i=0; i < 100; i++) {
      let cand =  2 * primos[i] + 1;
      txt += primos[i] + ' aponta para ___ ' + cand;
   if (primos.indexOf(cand) >= 0) {
         txt += ' primo (SG)';
         qtd++;
   }
      txt += '<br>';
}
document.write('Sophie Germain. Qtd: ' + qtd
      + ' nos 100 primeiros.<br>' + txt);
</script>
```

Programa Prog2 (Capítulo 3)

Polinômio alternativo criado pelo autor.

```
<script>
// pequena tabela para verificar se os números gerados são ou
não primos
var primos = [2, 3, 5, 7, 11, 13, 17, 19, 23, 29, 31, 37, 41,
43, 47, 53, 59, 61, 67, 71, 73, 79, 83, 89, 97, 101, 103, 107,
109, 113, 127, 131, 137, 139, 149, 151, 157, 163, 167, 173, 179,
181, 191, 193, 197, 199, 211, 223, 227, 229, 233, 239, 241, 251,
257, 263, 269, 271, 277, 281, 283, 293, 307, 311, 313, 317, 331,
337, 347, 349, 353, 359, 367, 373, 379, 383, 389, 397, 401, 409,
419, 421, 431, 433, 439, 443, 449, 457, 461, 463, 467, 479, 487,
491, 499, 503, 509, 521, 523, 541, 547, 557, 563, 569, 571, 577,
587, 593, 599, 601, 607, 613, 617, 619, 631, 641, 643, 647, 653,
659, 661, 673, 677, 683, 691, 701, 709, 719, 727, 733, 739, 743,
751, 757, 761, 769, 773, 787, 797, 809, 811, 821, 823, 827, 829,
839, 853, 857, 859, 863, 877, 881, 883, 887, 907, 911, 919, 929,
937, 941, 947, 953, 967, 971, 977, 983, 991, 997, 1009, 1013,
1019, 1021, 1031, 1033, 1039, 1049, 1051, 1061, 1063, 1069,
1087, 1091, 1093, 1097, 1103, 1109, 1117, 1123, 1129, 1151,
1153, 1163, 1171, 1181, 1187, 1193, 1201];

var txt = '';
var qtd = 0;
for (let i=0; i < 100; i++) {
        let cand =  2 * primos[i] - 3;
        txt += primos[i] + ' aponta para ___ ' + cand;
    if (primos.indexOf(cand) >= 0) {
            txt += ' primo';
            qtd++;
    }
        txt += '<br>';
}
document.write('Variacao do autor. Qtd: ' + qtd
        + ' nos 100 primeiros.<br>' + txt);
</script>
```

Programa Prog3 (Capítulo 3)

Polinômio de Euler que gera uma lista com 15 primos.

```
<script>
var txt = '';
for (let i=0; i <= 15; i++) {
        let f = i*i + i + 17;
        txt += i + ' aponta para ' + f + '<br>';
}
document.write(txt);
</script>
```

Programa Prog4 (Capítulo 3)

Polinômio de A. Lévy que gera uma lista com 22 primos.

```
<script>
var txt = 'A. Levy:<br>';
var ant = 23;
for (let i=0; i < 22; i++) {
        let f = 3*i*i + 3*i + 23;
        txt += i + ' aponta para ___ ' + f;
        txt += ' ___ dif.: ' + (f - ant);
        txt += '<br>';
        ant = f;
}
document.write(txt);
</script>
```

Programa Prog5 (Capítulo 3)

Polinômio de Pol & Speziali que gera 29 primos.

```
<script>
var txt = 'Pol&Speziali<br>';
var ant = 31;
for (let i=0; i < 29; i++) {
        let f = 6*i*i + 6*i + 31;
        txt += i + ' aponta para ___ ' + f;
        txt += ' ___ dif.: ' + (f - ant);
        txt += '<br>';
        ant = f;
}
document.write(txt);
</script>
```

Programa Prog6 (Capítulo 3)

Polinômio 1 criado pelo autor que gera um número variado de primos, a depender do número primo inicial:

Inicial = 47 para 7 primos
53 para 13 primos
67 para 27 primos

```
<script>
// Mude a variavel inicial para:
//          47 para obter 7 primos em sequencia
//          53 para 13 primos
//          67 para 27 primos
var inicial = 47;
var txt = 'Do autor, exemplo 1<br>';
var ant = inicial;
for (let i=0; i <= 30; i++) {
        let f = 6*i*i + 30*i + inicial;
        txt += i + ' aponta para ___ ' + f;
```

```
        txt += '  ___  dif.: ' + (f - ant);
        txt += '<br>';
        ant = f;
}
document.write('Lista os primeiros 30 resultados, primos ou compostos<br>');
document.write(txt);
</script>
```

Programa Prog7 (Capítulo 3)

Polinômio 2 criado pelo autor que gera um número variado de primos, a depender do número primo inicial:
Inicial = 47 para 13 primos
151 para 25 primos
26177 para 9 primos
15 ou 63 para somente números compostos

```
<script>
var txt = 'Do autor, exemplo 2<br>';
// Mude a variavel inicial para:
//          47 para obter 13 primos em sequencia
//          151 para 25 primos
//          26177 para 9 primos
//          15 ou 63 para gerar somente numeros compostos
var inicial = 47;
var ant = inicial;
for (let i=0; i <= 30; i++) {
        let f = 6*i*i + 54*i + inicial;
        txt += i + ' aponta para ___ ' + f;
        txt += '  ___  dif.: ' + (f - ant);
        txt += '<br>';
        ant = f;
}
document.write('Lista os primeiros 30 resultados, primos ou compostos<br>');
document.write(txt);
</script>
```

Programa Prog8 (Capítulo 4)

O programa verifica todos os números primos que são simétricos em relação à metade do número par informado.

Cada linha das simetrias mostradas contém dois números que, se somados, totalizam o número par informado e confirmam que para esse número, a Conjectura de Goldbach se confirma.

```
Número par (até 1200): <INPUT TYPE=TEXT ID=inpNumeroPar
VALUE=59> <INPUT TYPE=BUTTON  OnClick="Executa()"
VALUE=Executa><br>
Resultados: <div id=resultado></div>
<script>
// pequena tabela para verificar se os números são ou não primos
var primos = [2, 3, 5, 7, 11, 13, 17, 19, 23, 29, 31, 37, 41,
43, 47, 53, 59, 61, 67, 71, 73, 79, 83, 89, 97, 101, 103, 107,
109, 113, 127, 131, 137, 139, 149, 151, 157, 163, 167, 173, 179,
181, 191, 193, 197, 199, 211, 223, 227, 229, 233, 239, 241, 251,
257, 263, 269, 271, 277, 281, 283, 293, 307, 311, 313, 317, 331,
337, 347, 349, 353, 359, 367, 373, 379, 383, 389, 397, 401, 409,
419, 421, 431, 433, 439, 443, 449, 457, 461, 463, 467, 479, 487,
491, 499, 503, 509, 521, 523, 541, 547, 557, 563, 569, 571, 577,
587, 593, 599, 601, 607, 613, 617, 619, 631, 641, 643, 647, 653,
659, 661, 673, 677, 683, 691, 701, 709, 719, 727, 733, 739, 743,
751, 757, 761, 769, 773, 787, 797, 809, 811, 821, 823, 827, 829,
839, 853, 857, 859, 863, 877, 881, 883, 887, 907, 911, 919, 929,
937, 941, 947, 953, 967, 971, 977, 983, 991, 997, 1009, 1013,
1019, 1021, 1031, 1033, 1039, 1049, 1051, 1061, 1063, 1069,
1087, 1091, 1093, 1097, 1103, 1109, 1117, 1123, 1129, 1151,
1153, 1163, 1171, 1181, 1187, 1193, 1201];
var qtdEspelhados, qtdMetade1, qtdMetade2;
document.getElementById('inpNumeroPar').value = 40;
Executa();

function Executa() {
        var txt = '', txt1 = '';
        var numeroPar =
parseInt(document.getElementById('inpNumeroPar').value,0)
        var metade = Math.floor(numeroPar / 2);
        qtdEspelhados = 0;
        ContaPrimos(metade, numeroPar);
```

```
        // confere um a um
        for (let i=0; primos[i] < metade; i++) {
                let simet = AchaSimetrico(primos[i],metade);
                // verifica se é primo
        if (primos.indexOf(simet) >= 0) {
                        txt += primos[i] + ' é simétrico de ' +
simet + '<br>';
                        qtdEspelhados++;
                }
        }
        txt1 += 'Número: ' + numeroPar + '<br>';
        txt1 += 'Metade: ' + metade + '<br>';
        txt1 += 'Qtd. de primos na primeira metade: ' +
qtdMetade1 + '<br>';
        txt1 += 'Qtd. de primos na segunda metade: ' + qtdMetade2
+ '<br>';
        txt1 += 'Qtd. de primos espelhados: ' + qtdEspelhados +
'<br>';
        txt1 += '<br>Valores que, somados, confirmam a Conjectura
de Collatz:<br>';
        document.getElementById('resultado').innerHTML = txt1 +
txt;
}
function AchaSimetrico(num, metade) {
        var diff = -( metade - num );
        var espelho = diff - metade;
        return -espelho;
}
function ContaPrimos(metade, maiorPrimo ) {
        qtdMetade1 = 0;
        qtdMetade2 = 0;
        for (let i=0, lim=primos.length; i < lim; i++) {
                if (primos[i] > maiorPrimo) {
                        break;
                }
                if (primos[i] <= metade) {
                        qtdMetade1++;
                } else {
                        qtdMetade2++;
                }
        }
}
</script>
```

Programa Prog9 (Capítulo 7)

Programa para gerar o Triângulo de Pascal. Modifique qtdLinhas para gerar com mais ou menos linhas.

```
<style>
table td {border:solid 1px #aaaaaa; text-align:center; min-
width:30px; font-family:Arial; font-size:12px;}
</style>
<script>
var txt = '';
var qtdLinhas = 20n;
var triangulo = GerarOTriangulo(qtdLinhas);

txt += '<table>';
for (let i=0; i < qtdLinhas; i++) {
        txt += '<tr>';
        for (let j=0, cols=triangulo[i].length; j < cols; j++) {
                        txt += '<td>';
                        txt += triangulo[i][j];
                        txt += '</td>';
        }
        txt += '</tr>';
}
txt += '</table>';
document.write(txt);

function GerarOTriangulo(numRows) {
    if (numRows === 0n) return [];
    if (numRows === 1n) return [[1n]];
    let result = [];
    for (let row = 1n; row <= numRows; row++) {
        let arr = [];
        for (let col = 0n; col < row; col++) {
            if (col === 0n || col === row - 1n) {
                arr.push(1n);
            } else {
                arr.push((result[row-2n][col-1n] + result[row-
2n][col]));            // % 11n
            }
        }
        result.push(arr);
    }
    return result;
}

</script>
```

Programa Prog10 (Capítulo 8)

Teste de primalidade de Fibonacci com o critério mais simples apresentado no livro. Note que somente verifica números até 5.000 e, por isso, somente dois pseudoprimos aparecem na lista: 2737,4181.

```
<script>
var limite = 5000n;
// gera o vetor de números de Fibonacci
var fibonacci = [0n, 1n];
for (let i=2n; i < limite; i++) {
	fibonacci[i] = fibonacci[i-2n] + fibonacci[i-1n]
}
// confere os números
var txt = '';
for (let num=1n; num<limite; num++) {
	if ( VerificaPrimalidadeFibonacci(num) ) {
		txt += '<br>' + num;
	}
}
document.write('<br>Não identifica os primos 1 e 5');
document.write('<br>Identifica erroneamente:
2737,4181,5777,6721,10877,13201,15251,34561,51841 etc;');
document.write('<br>Listados menores que ' + limite);
document.write('<br>Primos indicados pelo teste:'+ txt);

function VerificaPrimalidadeFibonacci(num) {
	var fib1 = fibonacci[num]
	var mod1 = fib1 % num;
	var fib2 = fibonacci[num-1n]
	var mod2 = fib2 % num;
	if (mod1 == 1n && mod2 == 0n
	|| mod1 == num - 1n && mod2 == 1n) {
		return true;
	} else {
		return false;
	}
}
</script>
```

Programa Prog11 (Capítulo 11)

Programa para o cálculo de primos usando o Teste Heroniano.

O Teste aponta, entre outros, como primo, o número 10, na verdade um pseudoprimo.

A otimização, com a aplicação de módulo em cada passo requer um artifício, destacado no código:

```
<script>
var  txt = '';
// Testa os números sequenciais até 100
for ( let num=2n; num <= 100n; num++) {
        if (Primalidade_Heroniana(num) == true) {
                txt += '<br>' + num ;
        }
}
document.write('Indica pseudoprimos como: 10, 209, 230, 231,
399, 430, 455 etc.')
document.write('<br>Primos:');
document.write(txt);
function Primalidade_Heroniana(num) {
        // Os anteriores B(n-1) e B(n-2) são Bn_1 e Bn_2
        var Bn_2 = 2n;
        var Bn_1 = 4n;
        var Bn;
        // calcular o valor de Bn referente a num
        for (let i=1n; i < num; i++) {
                Bn = (4n * Bn_1 - Bn_2);
                while (Bn < 0) {
                    Bn += num;
                }
                Bn = Bn % num;
                Bn_2 = Bn_1;
                Bn_1 = Bn;
        }
        // avaliar a primalidade de num
        if (Bn - 4n == 0n) {
                return true;
        } else {
                return false;
        }
}
</script>
```

O artifício evita que o B_n fique negativo.

Programa Prog12 (Capítulo 11)

Programa com o Teste Heroniano otimizado para fazer o cálculo apenas até a metade do número, economizando operações.

```
<script>
var limite = 1000n;
var txt = '';
var vetBn;
GeraSerieBn(limite);
// Testa os números sequenciais
// para economizar esforço somente testa os ímpares
for (let num=1n, lim=vetBn.length; num < lim; num+=2n) {
    if (VerificarPrimo(num) == true) {
        txt += '<br>' + num ;
    }
}
document.write('Indica pseudoprimos como: 989 1261 2299 2701 até
10000')
document.write('<br>Primos:');
document.write(txt);

function GeraSerieBn(limite) {
  vetBn = [2n, 4n];
  for (let i=2; i<limite; i++) {
    let Bn = 4n * vetBn[i-1] - vetBn[i-2];
    vetBn.push(Bn);
  }
}
function VerificarPrimo(num) {
  var metade = (num+1n)/2n;
  var BnMetade = vetBn[metade];
  var mod8 = num % 8n;
  var mod12 = num % 12n;
  var resto = BnMetade % num;
  var restoParaPrimo = -1;
  if (mod8 == 1n && mod12 ==  1n) restoParaPrimo = 4n;
  else if (mod8 == 7n && mod12 == 11n) restoParaPrimo = 4n;
  else if (mod8 == 1n && mod12 ==  5n) restoParaPrimo = num-2n;
  else if (mod8 == 7n && mod12 ==  7n) restoParaPrimo = num-2n;
  else if (mod8 == 3n && mod12 ==  7n) restoParaPrimo = 2n;
  else if (mod8 == 5n && mod12 ==  5n) restoParaPrimo = 2n;
  else if (mod8 == 3n && mod12 == 11n) restoParaPrimo = num-4n;
  else if (mod8 == 5n && mod12 ==  1n) restoParaPrimo = num-4n;
  if (resto == restoParaPrimo) {
    return true;
  }
```

```
  return false;
}
</script>
```

Programa Prog13 (Capítulo 11)

Programa com o Teste Heroniano otimizado para fazer o cálculo apenas até um quarto do número, economizando operações.

```
<script>
var limite = 3000n;
var txt = '';
var vetBn;
GeraSerieBn(limite);
// Testa os números sequenciais
// para economizar esforço somente testa os ímpares
for (let num=1n, lim=vetBn.length; num < lim; num+=2n) {
if (VerificarPrimo(num) == true) {
        txt += '<br>' + num ;
    }
}
document.write('Pseudoprimos não detectados: 989, 2701, 8165,
9457 (até 10000)')
document.write('<br>Primos:');
document.write(txt);

function GeraSerieBn(limite) {
    vetBn = [2n, 4n];
    for (let i=2; i<limite; i++) {
        let Bn = 4n * vetBn[i-1] - vetBn[i-2];
        vetBn.push(Bn);
    }
}
function VerificarPrimo(num) {
    var ehPrimo;
    var mod4 = num % 4n;
    if (mod4 == 3n) {
        ehPrimo = VerificaGrupo1(num);
    } else if (mod4 == 1n) {
        ehPrimo = VerificaGrupo2(num);
    }
    return ehPrimo;
}
```

```
function VerificaGrupo1(num) {
    var ehPrimo = false;
    var resto;
    var quarto = (num+1n)/4n;
    var BnQuarto = vetBn[quarto];
    var mod8 = num % 8n;
    var mod12 = num % 12n;
    if (mod8 == 3n && mod12 ==  7n) {
        resto = BnQuarto % num;
        if (resto == 2n || resto == num-2n) {
            ehPrimo = true;
        }
    } else if (mod8 == 7n && mod12 == 7n) {
        resto = BnQuarto % num;
        if (resto == 0n) {
            ehPrimo = true;
        }
    } else if (mod8 == 3n && mod12 == 11n) {
        resto = (BnQuarto * BnQuarto) % num;
        if (resto == num-2n) {
            ehPrimo = true;
        }
    } else if (mod8 == 7n && mod12 == 11n) {
        resto = (BnQuarto * BnQuarto) % num;
        if (resto == 6n) {
            ehPrimo = true;
        }
    }
    return ehPrimo;
}
function VerificaGrupo2(num) {
    var ehPrimo = false;
    var resto;
    var quarto = (num-1n)/4n;
    var BnQuarto = vetBn[quarto];
    var mod8 = num % 8n;
    var mod12 = num % 12n;
    if (mod8 == 1n && mod12 ==  1n) {
        resto = BnQuarto % num;
        if (resto == 2n || resto == num-2n) {
            // não pode ser quadrado perfeito
            var raiz = Math.floor(Math.sqrt(Number(num)));
            if (raiz * raiz != num) {
                ehPrimo = true;
            }
        }
    } else if (mod8 == 5n && mod12 == 1n) {
        resto = BnQuarto % num;
        if (resto == 0n) {
```

```
            ehPrimo = true;
        }
    } else if (mod8 == 1n && mod12 == 5n) {
        resto = (BnQuarto * BnQuarto) % num;
        if (resto == num-2n) {
            ehPrimo = true;
        }
    } else if (mod8 == 5n && mod12 == 5n) {
        resto = (BnQuarto * BnQuarto) % num;
        if (resto == 6n) {
            ehPrimo = true;
        }
    }
    return ehPrimo;
}
</script>
```

Programa Prog14 (Capítulo 11)

Programa para verificação de números primos por meio do Teste Heroniano. Utiliza o método de avaliar e calcular somente os Bn que serão necessários para o cálculo do Bn referente ao número desejado.

Isso é feito de forma recursiva.

Baseia-se na regra:

$B_n[x+y] = B_n[x] * B_n[y] - B_n[y-x]$ para $x <= y$

Dado um número, determinam-se x e y a partir da metade ou metade mais 1 do número.

Alguns pseudoprimos são, erroneamente, considerados primos, tais como: 10, 209, 230, 231, 399, 430, 455, 530, 901, 903, 923, 989 etc.

```
<script>
var limite = 400n;
// gera uma série Bn inicial para agilizar o cálculo
var baseInicial = 10;
var vetBn;
GeraSerieBn(baseInicial);
// Testa os números sequenciais
var txt = '';
for (let num=1n; num < limite; num++) {
	// poderia pular os múltiplos de 2 e 3 aqui
	if ( CalcularSerieBn(num) % num == 4n) {
		txt += '<br>' + num;
	}
}
document.write('Pseudoprimos não detectados: 10, 209, 230, 231,
399 etc.)')
document.write('<br>Primos:');
document.write(txt);
function GeraSerieBn(limite) {
	vetBn = [2n, 4n];
	for (let i=2; i<limite; i++) {
		let Bn = 4n * vetBn[i-1] - vetBn[i-2];
		vetBn.push(Bn);
	}
}
// cálculo recursivo
// retorna o Bn para o número n
function CalcularSerieBn(num) {
	var retorno, aux1, aux2, menor;
	if (num < baseInicial) {
		retorno = vetBn[num];
	} else if ( num & 1n ) {	// impar
		menor = (num-1n)/2n;
		aux1 = CalcularSerieBn(menor);
		aux2 = CalcularSerieBn(menor + 1n);
		retorno = aux1 * aux2 - 4n;
	} else {
		aux1 = CalcularSerieBn(num/2n);
		retorno = aux1 * aux1 - 2n;
	}
	return retorno;
}
</script>
```

Uma série inicial de Bn é criada para otimizar os cálculos.

A função CalcularSerieBn() calcula somente os B_n necessários e evita a geração de todos os B_n da tabela original.

Programa Prog15 (Capítulo 12)

Determina se um número é ou não primo de Mersenne por meio do Teste de Lucas-Lehmer.

O programa está otimizado com o cálculo do módulo a cada repetição para evitar números com muitos algarismos.

```
<script>
var  txt = '';
// Testa os números sequenciais de 1 a 100
for ( let num=1n; num <= 100n; num++) {
        txt += Primalidade_LucasLehmer(num);
}
document.write(txt);

function Primalidade_LucasLehmer(num) {
        var Mn = 2n**num - 1n;
        // calcular o valor de L referente a num-2
        var L = 4n;
        for (let i=1n; i<= num - 2n; i++) {
                L = ( L * L - 2n ) % Mn
        }
        // avaliar a primalidade de Mn
        if (L == 0n) {
                return '<br>' + num + ' Mersenne prime: ' + Mn
        } else {
                // Os números compostos não são listados
                return '';
        }
}
</script>
```

Programa Prog16 (Capítulo 12)

Modificação do programa anterior, com cálculo até Ln.

Note que nesse caso, também surge como primo de Mersenne o 3 referente a n=2.

```
<script>
var  txt = '';
// Testa os números sequenciais de 1 a 100
for ( let num=1n; num <= 100n; num++) {
	txt += Primalidade_LucasLehmer(num);
}
document.write(txt);

function Primalidade_LucasLehmer(num) { // alternativa
	var Mn = 2n**num - 1n;
	// calcular o valor de L referente a num
	var L = 4n;
	for (let i=1n; i<= num; i++) {		// até Ln
		L = ( L * L - 2n ) % Mn
	}
	// avaliar a primalidade de Mn
	if (L - 2n == 0n) {
		return '<br>' + num + ' Mersenne prime: ' + Mn
	} else {
		// Os números compostos não são listados
		return '';
	}
}
</script>
```

Programa Prog17 (Capítulo 12)

Verifica números primos no formato $3 \cdot 2^n - 1$. Note que a semente L se inicia em 52 e a avaliação é feita com 14.

Sequência A007505 no OEIS.

Note que números pares, como 4 e 6, também geram primos.

```
<script>
var  txt = '';
// Testa os números sequenciais de 1 a 100
for ( let num=1n; num <= 100n; num++) {
      txt += Primalidade_Variacao1(num);
}
document.write(txt);

function Primalidade_Variacao1(num) {
      var Q = 3n * 2n**num - 1n;
      // calcular o valor de L referente a num
      var L = 52n;
      for (let i=1n; i<= num; i++) {
            L = ( L * L - 2n ) % Q
      }
      // avaliar a primalidade de Q
      if (L == 14n) {
            return '<br>' + num + ' Prime: ' + Q
      } else {
            // Os números compostos não são listados
            return '';
      }
}
</script>
```

Programa Prog18 (Capítulo 12)

Verifica números primos no formato $2^n + 3$.

Sequência A057733 no OEIS.

Note que números pares e compostos, como 4, 6 ou 55, também geram primos.

```
<script>
var  txt = '';
// Testa os números sequenciais de 1 a 100
for ( let num=1n; num <= 100n; num++) {
       txt += Primalidade_Variacao2(num);
}
document.write(txt);

function Primalidade_Variacao2(num) {
       var Q = 2n**num + 3n;
       // calcular o valor de L referente a num - 1
       var L = 4n;
       for (let i=1n; i<= num - 1n; i++) {
              L = ( L * L - 2n ) % Q
       }
       // avaliar a primalidade de Q
       if (L == 14n || L == Q - 4n) {
              return '<br>' + num + ' Prime: ' + Q
       } else {
              // Os números compostos não são listados
              return '';
       }
}
</script>
```

Programa Prog19 (Capítulo 12)

Verifica números primos no formato $2^n - 3$.

Sequência A050415 no OEIS.

Note que números pares, como 4 e 6, também geram primos.

```
<script>
var  txt = '';
// Testa os números sequenciais de 1 a 100
for ( let num=2n; num <= 100n; num++) {
        txt += Primalidade_Variacao3(num);
}
document.write(txt);

function Primalidade_Variacao3(num) {
        var Q = 2n**num - 3n;
        // calcular o valor de L referente a num - 1
        var L = 4n;
        for (let i=1n; i<= num - 1n; i++) {
                L = ( L * L - 2n ) % Q
        }
        // avaliar a primalidade de Q
        if (L == Q - 14n || L == 4n) {
                return '<br>' + num + ' Prime: ' + Q
        } else {
                // Os números compostos não são listados
                return '';
        }
}
</script>
```

intelimatica.com.br/NumerosPrimos

Abril de 2024

www.ingramcontent.com/pod-product-compliance
Ingram Content Group UK Ltd.
Pitfield, Milton Keynes, MK11 3LW, UK
UKHW021956190726
13853UKWH00004B/1576